U0178688

图解庭园小景观建造设计

王彦栋 著

机械工业出版社

CHINA MACHINE PRESS

本书以庭园中比较有特点的小景观、小构件、小设计为主要内容，通过对每处庭园小景观的设计手法和内涵进行详细解读，使读者能够了解并掌握不同庭园小景观的设计建造要点。本书还以通俗的图解形式为庭园小景观的建造方法及施工步骤做了详细的解释，以便使读者更快地提升庭园布局能力与细节建造能力，并快速找到适合个人庭园的设计建造方法。本书具有一定的指导性，能够帮助读者解决建造庭园时过于追求形式感而在整体建造上无从下手的问题。本书属于寓教于乐的通俗读物，适合所有对庭园建造感兴趣的人。

图书在版编目（CIP）数据

图解庭园小景观建造设计/王彦栋著.—北京：机械工业出版社，2021.8
ISBN 978-7-111-67989-9

Ⅰ.①图… Ⅱ.①王… Ⅲ.①庭院—景观设计 Ⅳ.①TU986.4

中国版本图书馆CIP数据核字（2021）第065675号

机械工业出版社（北京市百万庄大街22号　邮政编码100037）
策划编辑：赵　荣　责任编辑：赵　荣
责任校对：梁　倩　封面设计：鞠　杨
责任印制：邸　敏
北京瑞禾印刷有限公司印刷

2021年8月第1版第1次印刷
148mm×210mm·5.5印张·2插页·150千字
标准书号：ISBN 978-7-111-67989-9
定价：49.00元

电话服务　　　　　　网络服务
客服电话：010-88361066　机　工　官　网：www.cmpbook.com
　　　　　010-88379833　机　工　官　博：weibo.com/cmp1952
　　　　　010-68326294　金　书　网：www.golden-book.com
封底无防伪标均为盗版　机工教育服务网：www.cmpedu.com

前言
Preface

　　顶着太阳头戴草帽的城市农夫在自家园子中忙碌着，他们在园子内劳作的身影，是多么令人向往。人们在忙碌中偶尔会静下心来，想象在社会生活中平衡自我的途径。经历的日子会找寻自我内心中的寄望，这种化繁为简的朴素理想是属于个人的精神庭园。

　　每个庭园的特征因人而异，流传下来的面貌各不相同。大家都试图在文字中找寻庭园建造的依据，但在园内留赏后你会看见劳作付出后的笑脸，孩子清脆的欢笑声，这样的庭园小景是不能用文字来描述的，所谓优质的庭园都发自内心。

　　自己动手的庭园"何时都不算晚"，动手建设庭园的欲望可以从点滴开始。望能以提供图文聊作动手制作的参考。

目录
Contents

前言

第一章　庭园小景的布局特征……………………………… 1

第一节　庭园小景的综合质感 ……………………… 1

一、触觉 ………………………………………… 1

二、视觉 ………………………………………… 3

三、色味 ………………………………………… 4

四、质感 ………………………………………… 5

五、听觉 ………………………………………… 6

第二节　传统庭园的建造理论 …………………… 7

一、传统庭园的启发 …………………………… 7

二、传统庭园的景致梳理 ……………………… 8

第三节　当代庭园的布局 …………………………14

一、节点与整体的联系 …………………………14

二、当代庭园的处理技巧 ………………………15

第四节　如何设计好小庭园 ………………………20

一、庭园的现状 …………………………………20

二、绘制大的布局图 ……………………………21

三、考虑园内的交通线路 ………………………21

四、决定种什么植物 ……………………………22

五、关于摆件与家具 ……………………………24

六、完成设计意向 ………………………………26

第二章　花境的建造内容 …………………………………27

第一节　花草树木在庭园中的作用 ………………27

第二节　花境 ………………………………………28

一、庭园花境 ………………………………………28

二、花境植物种类的分类 ………………………… 30

三、花境的布局方式 ……………………………… 34

第三节　让庭园花境变得更有吸引力 …………… 36

一、花境趣味搭配 ………………………………… 36

二、自制立体花架 ………………………………… 39

三、用石头自制带秋千的花圃 …………………… 41

第四节　庭园植物的栽种 ………………………… 42

一、庭园的树木选择 ……………………………… 42

二、果树种植 ……………………………………… 43

三、草坪种植 ……………………………………… 45

第三章　庭园路面的铺设建造 ………………… 48

第一节　园路的铺装材料 ………………………… 48

一、传统庭园的铺装 ……………………………… 48

二、常见的铺装材料 ……………………………… 49

第二节　园路的工艺制作 ………………………… 53

一、路面浮石制作 ………………………………… 53

二、大面积石材路面的制作 ……………………… 59

三、园内木地板制作 ……………………………… 60

四、护路篱笆的制作 ……………………………… 63

五、废枕木铺设地面 ……………………………… 67

第四章　水景的建造 …………………………… 69

第一节　水景建造理论 …………………………… 69

一、传统园林的水景 ……………………………… 69

二、水塘构造 ……………………………………… 75

第二节　水景处理重点 …………………………… 77

一、水钵的建造 …………………………………… 77

二、逐鹿与笕 ……………………………………… 79

三、小型跌水 ……………………………………… 81

四、生态池塘 ……………………………………… 84

五、小型水景 ……………………………………… 88

六、雨水花园 ……………………………………… 90

第五章　细节的建造………………………………………97

第一节　起伏的地形 ………………………………97
一、利用护坡形成地形 ………………………97
二、利用植物花草形成地形 …………………100

第二节　置石 ………………………………………102
一、传统园林中的置石 ………………………102
二、置石的安装 ………………………………103
三、置石的布局方式与作用 …………………105
四、置石的组合方式 …………………………106

第三节　庭园的组合景 ……………………………108
一、自己动手制作微景 ………………………108
二、旧家具的组合景组装 ……………………110

第四节　庭园摆件 …………………………………112

第五节　庭园中的坐具 ……………………………114
一、群座 ………………………………………115
二、单座 ………………………………………117
三、趣味座椅 …………………………………118
四、留置石坐具 ………………………………118

第六章　对话——庭园的延续与变革 ………………121
一、当代文化影响下的庭园兴造思路 ………121
二、个人的庭园与城市重识之路 ……………124

附　录　庭园花草软景的建造 ………………………131

第一节　庭园花草图谱 ……………………………131
一、色彩艳丽的花卉 …………………………131
二、庭园花卉空间秘籍 ………………………139
三、30余种适合小庭园的植物花草 …………145

第二节　庭园软景制作 ……………………………155
一、插花景制作 ………………………………155
二、古朴组合景制作 …………………………159

第一章　庭园小景的布局特征

第一节　庭园小景的综合质感

我们的小庭园感受是什么？我会听见溪水，你会触碰花朵，邻家的孩子会在意花丛中的蝴蝶，如不谈时尚、不在意庭园规模大小，人们更留心于真实的庭园小景，它是真实的触觉、视觉、色味、质感的综合体会。

庭园的美景是"花木点缀、溪水潺潺、飘香四溢"的场景，这种由小至大由低至高的顺序，容易体会到庭园的用意和诗意的生活，庭园体验的布局，让人在清新景致之上，想象和概括环境，在以往庭园容易与园林山水融合在一起，大都以纯意境为出发点，象征性大于使用性，在当下能保持庭园自然特征的同时，我们更希望出现的是真实并能明确体会到的庭园趣味。

一、触觉

稍大园子里的溪流为保持水质最好能与外界水系环境连接起来，如果面积不大的庭园溪流可用小的水景代替，活动的水流能让庭园充满生机，溪流两侧的绿植会减少水分蒸发形成高低起伏的景观效果，庭园溪流两侧的花草常考虑耐阴的植物（图 1-1）。

庭园中溪水潺潺的触感是孩子的最爱，别致的小景能带来欢乐的遐想，庭园内的溪流水景常依据庭园面积而定，水景同时配合水面种植、游路地面、观赏鱼等具体要素出现。但要注意是水景溪流的深度与安全因素，常见的溪水深

图 1-1　庭园溪流

度平均不超过 0.5 米，为保证溪水的流动效果，溪流池底的构造正常情况是由高至低，并配合了不同的溪流造景及安全维护设备等（图 1-2）。

别忘了园子的角落，它会在不经意间给庭园带来悠闲的触感，有时廉价的材料使用效果胜过刻意营造的庭园景致，稍显零碎的摆放增加了庭园的活力（图 1-3）。

摆几样你喜好的花草，蹲下来触摸时间会过得很快（图 1-4）。

图 1-2 溪流上的小路

图 1-3 庭园的角落

图 1-4 庭园花草的摆放

二、视觉

庭园内的水景涟漪，带来赏心悦目的视觉效果，为防蚊虫养几条锦鲤，此外小型的水池应处理好排水的问题（图1-5）。

庭园路面、种植的视野效果如图1-6、图1-7所示。

图 1-5　庭园小池塘

图 1-6　路面是园子内最好的视野
（摄影：李玉鹏）

图 1-7　种植会增加视距深度（摄影：李玉鹏）

三、色味

是多彩或单色都随你的心绪，园子的颜色除了花草外，还应该考虑常年挂绿的植物（长青的松柏等），甚至墙与地面的颜色肌理，但考虑的重点应放在春夏秋三季，过多的花草颜色会使庭园看起来花哨杂乱（图1-8）。

有些颜色是你意想不到的，秋天落叶效果可以考虑种植槭树、红枫等乔木（图1-9）。

多彩的花卉考虑放置在你能看到的高度，在选择种类同时考虑耐阴及日照因素，开花种类考虑球根与当年生花草植物（图1-10）。

图1-8　正午的阳光

图1-9　斑驳的路面（摄影：李玉鹏）

图1-10　阳光下的花卉（摄影：李玉鹏）

四、质感

园子内的石头与植物的搭配形成不同的使用质感，令人过目不忘（图1-11）。

变废为宝的庭园摆件，主人的眼光决定了庭园质感的细节（图1-12）。

质感来自于吱吱嘎嘎的脚下，它提示了欢乐的气氛（图1-13）。

图1-11　隐藏在植物中的庭园条石

图1-12　庭园的水景缸

桩往往需要大的木来固定桥面

跨越洼地的索桥，脚下咯吱吱的质感

河床中有深埋的鹅卵石

图1-13　庭园内索桥

五、听觉

风铃的样式多种多样（图1-14），吊挂的石头亦可处理成彩色的风铃（图1-15）。

上述庭园内最直观的感受成为庭园的细节，也是庭园布局重要的表现形式，如果将布局落在平面内，庭园表现特征就像书画中常用的起、承、转、合手法活用到画纸上引发美好的联想。在庭园布局上，形式组合是构成关系的一种，另一种则是以兴趣使用为出发，不在意庭园平面的美感安排，布局会更加自如舒展，两种构成的安排都在庭园顺序中出现，尽可能有面积大小和疏密的结合，依次布局游览方向及配套功能，以此达到适用优美布局的目的。

庭园的设计概括起来大致有规则化、模仿自然及混合式等风格。规则化常是几何状对称形式的庭园，利用树木形成庭园轴线和视野中的主景，因为对称容易联想到庭园的庄重与秩序等氛围；模仿自然的风格针对地形起伏的庭园，结合疏密构图的关系，强调相互衬托的不对称关系，相对于前者后者更具有动感，自然化的庭园以模仿天然环境为目的，在庭园中形成自然山水的缩影；第三类的混合布局，大部分的庭园兼有规则与自然的混合意境，时常将规则的

图1-14　风铃的样式

图1-15　最简易的风铃（摄影：李英）

地面与自然过渡的花草混合搭配，使其很容易与园外风景连成一体，这样的混合式布局成为大多庭园设计的主流方式。

庭园设计的初始阶段要明确庭园内的主景，结合庭园视野范围内最明确的景致或使用特征，例如用花草树木组合形成的田园式庭园，利用修剪而成的植物则更适合于欧洲式样庭园。这些植物布局能够在庭园中构成准确的面貌，但是在具体布局方式上可以打破束缚，风格可以统一，也可以混搭。一切取决于怎样更好地和主体建筑相适应甚至相悖（前卫手法有时故意用悖于常规的方式，往往效果很不错），同时还可以将个人的喜好融入进去，无论面积再小、再不规则的庭园空间也能体现出艺术和美的内涵。明确庭园主景后，下一步的计划是要考虑配合使用的面积及细节安排，例如在庭园篱笆处利用苔草形成坡地，利用废旧木板制作秋千等，多种手法会让庭园处处充满生机，形成属于个人的完美庭园，在具体设计中还要考虑日常管理的因素，统筹的布局会使庭园主次明确适用得当。

第二节　传统庭园的建造理论

一、传统庭园的启发

建造庭园中的风景，离不开传统建筑与环境观对庭园的影响，它已深入到我们建造庭园的骨髓。东西方建园观念的区别在于中国人更希望环境影响大于建筑或是构筑物，人们关注的是自然的山水融合，而不在意建筑是否坚固实用。庭园建筑在自然环境面前是不成比例的，比如元代倪瓒的《容膝斋图》画作近景为平坡，点缀的建筑只是草舍，在山水面前倪瓒只希望容身处达到基本容下膝盖的草堂即可，这种原始的环境观念区别于现今的建筑特征。传统庭园的建造可理解为"舒适的梳理"，梳理作用首先是为生活的宅邸更加安全，在宅邸中借用庭园山水加强边界形成的庇护，同时在游览的路径中尽可能增加高度上的变化形成突破，实现小中见大的效果。这样朴素的造物观念，成就了古人的造园意识，并影响至今。

对于庭园中的景观，相比日本的庭园，中国的庭园更接近市民式的亲切，看重庭园景观的自然与原生趣味，最大化模仿自然以布局自己的庭园。比如明崇祯时"不烦人事之工"的造园概念，用现在的理解，即是庭园选址及造景要质朴自然，园内要有"山林地、江湖地、傍宅地"，依照天然的成因"有高有凹，有曲有深，有峻而悬，有平而坦"，不需要更多的人工处理。这种景观在庭园中更加接近天然环境，只不过观者会在使用中体会到不同的质感与情趣，简单中理解传统造园的本质，即是庭园融于自然，人融于化境，建筑与真实的山水相融，极富自然情趣。

二、传统庭园的景致梳理

传统的东方式庭园在建造时受到"天地自然观"的影响，反映在园内景致上的不是在意"一物一树"，而是留心于物化的建筑与山水间依托的关系，在庭园内借助植物与房屋形成明确的作用关系，这是被称为"聚吉之所"的理想庭园，在造景安排上传统庭园主要的布局关系如下。

（一）池山布局——山水互呈的美好关系

池山的布局有传统的延续，以往园林宅院又被称为"池园"或"林泉地"，宅园中必须有水塘叠山，利用山石水景构筑庭园景色是常见的手段，因为庭园的面积有限，不宜形成较大的视距深度，前人从投射到水中的光影得到启发，利用这种最简单的手段来增加庭园视觉上的层次。山石水景的互相衬托能直接形成倒映及环抱的院落特征，增加了院落选址的安全居住意识，体现了古人追求"古朴境界"的自然观。明代《园冶》一书中，古人在景观的互呈关系上大致利用了两种手法，比如杂乱的远处或是过于碍眼的物象，会使用山墙及树木直接遮挡，使园子直接呈现出单纯的自然效果，这种处理手法被称为"俗则屏之"；另一种方式是形成集中关系，将优美的景观借用到园内，在面积较小的庭园环境中利用水面投射出天光水色，这收纳集中的处理手法被称为"嘉则收之"，后续发展为系统的借景总结，具体分为：

（1）以距离远近为借景的手段　远、近、邻、借等借景方式。

（2）以四季变化为借景的手段　春夏秋、云雾、日月借等借景方式。

（3）以园内物像为借景的手段　借山石叠造、水景映射、借建筑山房等借景方式。

具体的形式表现如下：

（1）远近邻借　考虑近与远在眼内的成像效果，清晰的景色给人悦目的感受，朦胧的远景带来和谐美好的联想。近与远的景观同时融合在一起，会使效果统一传神；左右上下的景观在距离上形成不同的移位，处理得宜会使近处的景致层次分明，同时也会增加遮挡杂乱的作用。

（2）四季借　变化的季节形成不同色彩，延伸至当代植物学中，要考虑植物变化的年相与季相，比如春季茶柳吐绿，秋季枫槭火红，还包含一日内气候变化及月满月亏，古人通通将这些动态的影响借用到庭园，并与美好的意境直接相扣，形成准确的方位命名。

（3）山水借　山石水塘布局形成自然的起伏，是借景中用到最多的手段，这种延续涉及不同地域。

现存的园林遗迹中，已经可以看到完美的借景效果，在较大面积的庭园中，一切被认为好的景致都会被借用整理，颐和园就利用了最远处的西山形成准确的园宅背景，并在昆明湖中看见如画的山水胜景；苏州虎丘的拥翠山庄，位于起伏的山地，近处借景于虎丘塔形成中式园林胜景；日本《作庭记》中，作者因地域狭长，在茶庭中运用符号借景，展现海与浪花的宽阔生动，形成幻化的山、海、水形制，这被称为"枯山水"艺术庭园手法。借景的使用，解决了庭园面积局促的问题，扩展了视野和景深，使庭园景色动人，保持庭园至美的本质，直至发展为形式上的审美信仰。

中国最小的传统庭园　苏州残粒园围绕水塘形成园子的内景，古人善于利用园内的水塘增加庭园的呈现关系，能看见山石楼阁的投影，增加庭园的趣味层次关系（图1-16）。

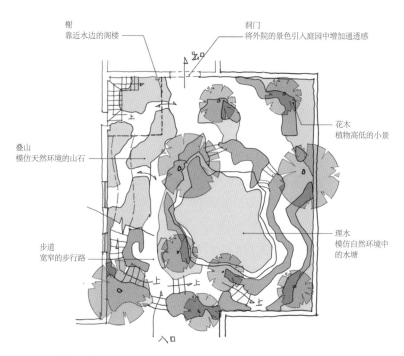

榭
靠近水边的阁楼

洞门
将外院的景色引入庭园中增加通透感

花木
植物高低的小景

叠山
模仿天然环境的山石

理水
模仿自然环境中的水塘

步道
宽窄的步行路

图 1-16　残粒园局部平面

残粒园在布局上模仿了自然山地，呈现出趣味的组合形式，解决了庭园低缓的视觉问题，组合的景观效果又被称为庭园的点睛之处（图 1-17）。

现在庭园的景致同样是以园内主景为中心，因为庭园面积有限，通常的做法是确定体量稍大的构筑物，比如木质的露台或者水池景，在具体使用中利用植物及水景形成掩映和层次，以突出庭园的中心，考虑到观者的使用距离，从庭园主景中心看，可

图 1-17　残粒园

图 1-18　庭园水景

以形成视野最大化效果，保证了利用率。从庭园的外景看，疏密的层次烘托了主景在庭园内的中心位置，同时还利用曲直的道路来增加视野的深度，在使用中利用植物出现的前后形成不同的障碍，在相互作用下让游览者体会不同的景观效果。

现代庭园中山石水景的互呈的关系，小面积的池塘与湿生的植物组合，结合室外的家具使庭园的意境表现更加丰富（图 1-18）。

庭园主景与水池之间互呈比例，视点与主景的距离应为主景高与人眼高之差的 2.5 倍以上（图 1-19）。

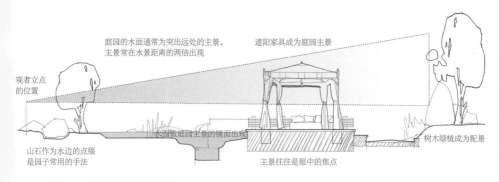

图 1-19　庭园景观的视野比例

（二）造园的游程布局——强迫与引导

传统庭园的游览路面，是在宅院相地的基础上展开，那些漂亮且曲直变换的路面是围绕着庭园的景观展开，被称为"得景随行"的境界，放在当今，可以理解为游程的布局是以园内的主要建筑景观为中心，一切关于庭园的自然风貌都是园内自然的布局，如利用自然界的花木形成障景，形成"如方如圆，似偏似曲"的路面形式，当遇到庭园内池沼水面时则"架桥通隔水"形成桥面，庭园内最漂亮的主要景观往往衬托大面积的空地，这恰当的强迫视野带有舒适的观赏视角。在曲径通幽的路面引导下，游览者很容易改变自己的步行速度，或快或慢，欣赏到不同的效果，甚至一日多变的景观，这样像在自然森林里游览，带给我们惬意的舒适感。

占地较大的网师园，庭园位于内院并形成宽阔的水面，主要的游程路线穿过主轴建筑的"三进空间"（门厅、主厅、楼），由侧方向的游廊小入口进入内庭园，出口位于狭小侧门，整体圈状回程形成环路。内院的轩、斋、阁、亭、廊等合抱水塘，形成内院宽阔的大景致，这种"合襟之水"布局被称为"明堂"布局。连接房屋的道路不是单一方向的游览，通过庭园景致出现的前后，让观赏者自己去发现，这种智慧的引导方式更能增加庭园游览的趣味（图1-20）。

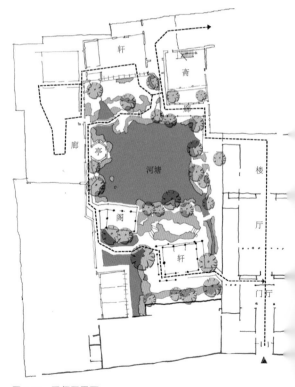

图 1-20 网师园平面

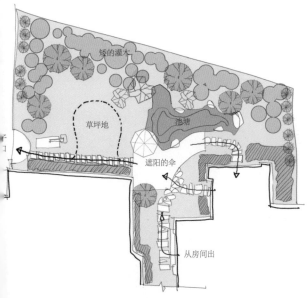

图 1-21　现代庭园平面

现代庭园能看到庭园景致模仿山石水景的效果，动线方向围绕庭园主要景观展开，利用绿化的种植疏密，引导人们观看与游览使用（图 1-21）。

（三）不烦人事与人工环境

"不烦人事"是指庭园内的建造使用质朴天然的材料，尽可能不利用精加工材料，或使用未经过修饰的自然材料，这种建造庭园的观念深受当时的社会文化影响，认为质朴材料，如山石水潭布局的庭园能够还原自然的本真之美，甚至建筑房屋等人工化环境的修建也尽可能隐藏在山石塘坝的尽端。从整体面貌上看，自然质朴的绿意氛围成为主体，人工修建的建筑构筑物环境掩映其间，从环境中直接取材建造自己的庭园房屋，成为传统庭园造景的主流方式（图 1-22~图 1-24）。

以最小的人工处理技术还原自然的山石叠加环境，石料采自河滩，这样的园子面貌是追求天然的真实效果。

图 1-22　质朴的庭园台地（摄影：李玉鹏）

图 1-23　庭园台阶（摄影：李玉鹏）

图 1-24　庭园的山水环境

　　传统宅院内建筑等人工环境，从布局上看重的是与景观疏密有序结合，而不是平面布局上的紧凑构成，房屋的形制也尽可能与自然环境和谐。

第三节　当代庭园的布局

一、节点与整体的联系

　　结合庭园的面积安排，实用性布局是当代庭园的主要形态。庭园整体的布局重点应是如何处理各空间的联系，较为常见的方法是以参观游程及景观的主体面积来确定，其次是园内各部分的景观节点和过渡，这些人能触摸到的质感，会形成庭园的个性色彩，具体的节点处理技巧因审美及风格而定，只是在设计手段中借鉴传统或是创新的形式，但重要的是要保持庭园的整体性。

二、当代庭园的处理技巧

（一）对比

对比合适是园内景观布局的基础，展现在眼前的变化因视线偏离，在使用上会增加庭园的美感。在处理这些环节上，可以从游览目的入手，考虑行程的先后来处理庭园小景观出现的顺序，比如园子的主体可以有多个焦点，但是不应目的地太多，园子中一处漂亮的水景、一个有趣的秋千、一块凸起的石头都能引人注目；同时在绿化植物中，主体可以是浓荫树或吸引人的植物，如彩叶树种、花灌木、鲜花或是其他独特的植物类型。为了突出或强调局部景观，把相互对立的体形、色彩、质地、明暗等的景物或氛围放在一起表现形成一种强烈的对比效果，营造一种鲜明显著的审美情趣。对比手法适用于庭园入口，能给人留下深刻的印象，可以将庭园中的喷泉、雕塑、大型花坛、孤赏石等形象突出，形成庭园中的一景，在十分清静的区域，重要的景点前稍用对比手法，可以使人的情绪为之一振，具体的对比方式有以下三种：

（1）水平与垂直对比　一块漂亮的置石树立在庭园中，它与地平面存在着垂直方向的对比，由于景物高耸超过人的正常观察视角，使人不得不向上仰望，含有尊敬、佩服、期盼的意义。

（2）体形大小对比　在开阔的庭园中，景物虽然高大亦显得矮小，在狭窄的庭园中，景物不宜是庞然大物，在庭园布置中利用这种对比错觉，可以突出某一特定景物的尺寸形体，例如利用花灌木形成与建筑的对比关系。

（3）色彩明暗对比　在庭园中产生色彩主要依靠植物的花色或叶色，少量依靠建筑或构造上的装饰材料来表现，为了达到衬托或突出某种景物的目的，常采用明亮色彩的植物，同是绿色植物色彩也有深浅明暗之分，一年之中还有春秋的差异，存在对比的可能性。

对比常考虑的是先后出现的顺序、遮挡的衬托关系与具体的尺寸比例等因素。

置石与大面积的地面形成黑白对比，暗示庭园的实际面积（图1-25）。

地形处理模拟了山地起伏，利用对比手法突出庭园环境的自然氛围（图1-26）。

不同触摸质感的反差对比能增加庭园使用的趣味（图1-27）。

（二）选择合宜的尺寸

在庭园中适宜的比例和尺寸由许多因素来决定，包括建筑体量、环境面积、家具组合等，任何一个设计对象尺寸过大都会使庭园显得失真，如同一棵大树种在一个相对狭小的庭园内会明显缩小空间一样，尺寸过大的篱笆、围栏和墙也会反过来影响庭园的空间感。在庭园的使用尺寸上应注意，亭或台的尺寸应尽可能扩大，不仅是因为实用，同时也为游览者提供一个具有安全感的活动空间。铺装地面都是由单个铺装材料组成，这些铺装材料如果太小会使地面显得零乱，而太大会使有限的地面显得狭小，在决定庭园景致水平尺寸时，要考虑经常观赏的位置和视线的高度，视点越高，庭园的全局观赏效果越好。

常见的庭园绿化不宜栽植过大的树木，以栽植低矮灌木为主，在

图1-25 庭园的黑白对比（摄影：李玉鹏）

图1-26 庭园的曲直对比（摄影：李玉鹏）

图1-27 质感对比（摄影：李玉鹏）

组合绿化中以略高于视线2倍的尺寸为最佳；庭园内的构筑物，比如攀爬植物的花架高度在2.0米左右，过高的花架会遮挡阳光；家具的尺寸应在舒适的使用尺寸内，夸张的比例会影响使用（图1-28~图1-31）。

图 1-28　坐具设计

图 1-29　适合的家具尺寸

应用尺度舒适的户外家具，大型的家具组合关系不宜出现在园子内

图 1-30　组合状的坐具适合在狭小的庭园内出现

图 1-31　遮阳花架的高度在庭园内不宜过高

（三）景深和层次

景深的概念需要考虑庭园使用人的视线距离，如果刚进入庭园，视野距离的远近，会形成近中远的层次位置，需要在比较清晰的近中远位置摆放大小不同的物品，它会作为参照物并界定眼中的面积。常见的摆放物品，比如远处的矮墙、庭园中景的廊架及近景的花盆等，借助物品及构筑物的位置，会在观者眼中形成明确的面积关系。

如果庭园的进深较浅，就需要借助远处的景观增强庭园的景深感，在庭园内前景尽可能不做得太高，利用工具修剪部分树枝使视线穿过，从而通过视野突出最前景的草坪及庭园边界的矮墙格栅，这样加大了庭园的景深层次。然后在中景摆放家具或是小品，当人站在庭园中最前景时，透过植物和装饰小品可以最大限度地看到全园，这样的合理利用可以达到理想的层次效果。

比较实用的方式还包括利用道路的曲直关系，将入口及庭园末端连接起来，将最好看的小景摆放至庭园最深处，在材质颜色上尽可能鲜亮，都可以达到扩大空间效果的作用（图1-32、图1-33）。

图 1-32　现代庭园利用道路增加庭园景深与层次

图 1-33　条石效果（摄影：李玉鹏）
利用条石形成路面增加庭园的视野贯穿

（四）并联外景

一目了然地看到庭园内的全景会使人失去兴趣，设计可以试着去创造不易被看见的景色或不易被参观的地点，但要保证这个地点值得人去参观。在面积较小的庭园中，可以建造矮墙小路及植物环境，一个吸引人的景点，即便是远看，也会给参观者带去新奇的感受。例如，在庭园中建造封闭感较强的亭子，在对立的墙面上分别开设门洞，人的视线只能穿越两个门洞，看到亭子另一侧的外部场景，这样就能激发人的观赏兴趣，庭园外美丽的景观多数会成为重要的屏障，所以要减少周边遮挡视线的障碍，并联外景的处理技巧有：

（1）庭园内景致与园外景致的关联　比较常见的因素包含园子外的花草树木和建筑外轮廓形状，如果庭园外出现高大的建筑墙面，利用爬藤会形成过渡柔化的风景，这些关联会使庭园与整体环境融为一体。

（2）园墙与栏杆等矮墙　尽可能降低园墙的高度，或利用栅栏增加景色的穿透力，栅栏的空隙可以透出爬蔓月季，园外的树丛也容易进入到园内，这样的景观会形成自然丰富的效果（图1-34、图1-35）。

图1-34　镂空的金属栅栏（摄影：李玉鹏）

图1-35　庭园山墙（摄影：李玉鹏）
考虑园墙外的植物效果能够延续园内的景致形成整体效果

第四节　如何设计好小庭园

庭园的主人与设计方常需要角色对调，家庭成员的意见非常重要，假设自己是设计师，整理家里人的意见是建造庭园的第一步。

一、庭园的现状

开始阶段需要了解下园子的规模，除长宽尺寸外，应该留意下大致的起伏地势，如果没有这样的因素，就要充分考虑家庭成员的需求（表1-1），这是个必需的计划，可以写下详细的文字，庭园需要的特征包括风格与色系等关系。风格可以依据庭园的面积而定，往往过小的面积体现不出连续性的风格倾向，所以常在小品及摆件中体现主人的爱好；同时必备的建造也应该考虑，在哪里放置长凳及木廊架等，接下来可以分配下大致的工作进度（表1-2）。

表1-1　家人因素与需求

序	项	考虑因素	面积大小	建造备注
一	孩子需求	花池水塘	不宜过大	考虑鱼塘水深安全及防止蚊虫
		攀爬		安全因素
		秋千风车		家具组合
		宠物花园		宠物的笼舍
二	家人需求	烧烤炉		成品
		家具及临时供水		成品
		照明小灯具		泛光及小型照明
		幽静小路		宽小于0.9米
		木制地板		
		苔藓小景		自己种植
		蔬菜用地		自己种植

表1-2　庭园的建造的计划表

序	项	考虑因素	面积大小	建造备注
一	庭园地面的铺装材料	浮石用料	需要结合占地来确定	圆形碾盘或天然石材
		大面积铺装材料		废材料枕木等
		转角用料		石板
		护路边缘用料		木桩砖块
		水沟		砌块明沟

（续）

序	项	考虑因素	面积大小	建造备注
二	护坡护路的材料	木桩		废圆木
		砌石		浆砌石或青石
三	水池景	考虑深度	面积过小的庭园可用水缸来替代	0.8 米深度
		防水		防水布、鱼塘、潜水泵
		池子的材料		河卵石
四	花景	开花植物	较大	根据气候及个人喜好
五	乔木	长青植物	适中	
		落叶植物	不宜过大	高度不大的乔木
六	灌木	芳香植物	较大	
七	草花	地景花草	较大	
八	照明	灯具		选型
九	设备	晾晒衣架		成品
十	场地	排水		应考虑排水方向与排水地点
十一	安全设备	护栏等		园子与外界的护栏等可以利用采购或现场制作
十二	方位	摆件及主要日晒通风位置		考虑下地形的风水

大致的建造周期与预算安排：

1）土木及构筑凉亭建造周期（含购置的物品等）。

2）花园植物建造周期需要考虑株科及二次维护的投资造价。

3）小景摆件的建造周期（含购置的物品等）。

4）机动。

二、绘制大的布局图

庭园的布局图不是建筑图纸，可以随意勾画，因为在具体建造中，构造及铺设比例都过小，具体调整的可能性较大，重点是庭园中该放置的物品位置及花草树木等。

三、考虑园内的交通线路

线路考虑的是三块意图，一是进出庭园的通路；二是在园子中停留游览的小路；三是进行种植和安装设备的工作通路，这三者要与住宅及园子面积成比例，通路和小路不能至路的尽头没有回程方向（图1-36）。

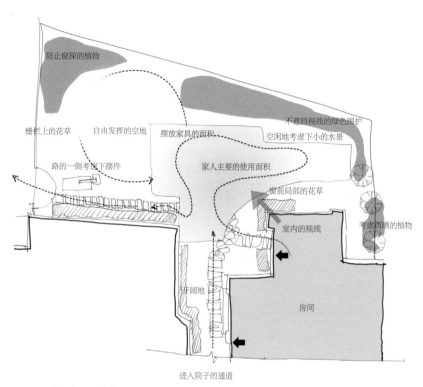

图 1-36 庭园布局设计草图

四、决定种什么植物

种植计划要首先考虑树木的生长特征，那些遮阴且生长过快的树种要先排除，尽量不考虑大型树的迁移种植。低矮的植被及花草要根据使用的要求，是需要香味因素或是色彩由个人来做决定，种植的间距不宜过密否则影响视线。其次要考虑的才是具体的品种，大型灌木要考虑除高度外，它具体叶片的遮阴能力与声响因素，那些名贵的树种无特殊要求尽可能不做选择，在选择植被花草时应留意的几点：

1）靠近电缆及屋檐处时，不要栽植生长过快的植物或攀藤类植物，除非有特殊的喜好要求。

2）为避免邻居的纠结，不要栽植枝杈过密的树种。

3）花果树要好于普通的绿叶植物，会看见四季不同的景色。

4）长青的树种，比如松柏树要针对庭园的面积而定，尤其在北方的庭园需要评估用量。

确定了植物树种后，接下来是以草本科植物（应季花草、宿根花卉等），地表类植物（草皮等）的顺序来种植植物。以上植物种植也可考虑自行购买的盆栽植物，放置在自己喜欢的位置，如果对专业的植物不了解，与专业的设计方沟通也是明智的选择（图 1-37）。

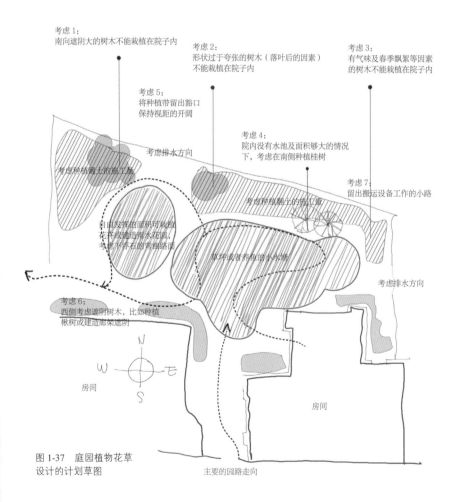

考虑 1：
南向遮阴大的树木不能栽植在院子内

考虑 2：
形状过于夸张的树木（落叶后的因素）不能栽植在院子内

考虑 3：
有气味及春季飘絮等因素的树木不能栽植在院子内

考虑 5：
将种植带留出豁口保持视距的开阔

考虑 4：
院内没有水池及面积够大的情况下，考虑在南侧种植桂树

考虑 7：
留出搬运设备工作的小路

考虑排水方向

考虑种植新土的施工层

考虑种植新土的施工层

自由发挥的面积可栽植花卉或建造雨水花园；考虑不浮石的弯曲路面

草坪或营养高的小水塘

考虑排水方向

考虑 6：
西侧考虑遮阴树木，比如种植楸树或建造廊架遮阴

N W E S

房间

房间

图 1-37 庭园植物花草设计的计划草图

主要的园路走向

五、关于摆件与家具

摆件中先考虑的是照明灯具的位置，灯光会在树叶中营造足够惬意的气氛，同时园子会不留死角。考虑灯光时不能忘记从房间透出窗子的光线，园子里的灯光最好选择低与高的角度并存，如藏在花草中的照明及高出窗子的灯光，如果坐在屋子内即可看见等高度的照明，则会在夜晚产生眩光；第二位考虑的摆件则因人而异，是艺术品或是小雕塑可根据园子小路的方向布置，现在定制化的摆件成为庭园中建造的倾向（图 1-38、图 1-39）。

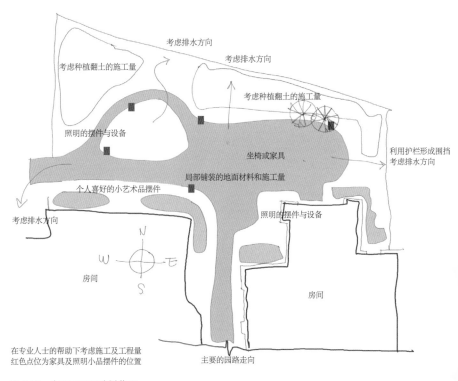

图 1-38　庭园工程量计划草图

图 1-39　庭园中的家具与小品摆件

六、完成设计意向

当建造庭园的一切计划都已成形，下一步就需要在图纸上精确地描绘每一处的细节与尺寸，这是一个比例依据的过程，即方便了自己也方便专家，在此环节中，大致的用料也能计算出来，依据设计图上的尺寸大小乘以比例尺数据，然后再除以想买的木料建材砖块的尺寸，就会知道用料的数量了。好的庭园建造除了给人惊喜外，还有一个特质是庭园会与主人一起成长，在与专家沟通时要明了诉求，创造出理想的庭园（图1-40、图1-41）。

图1-40　庭园的设计意向示意图

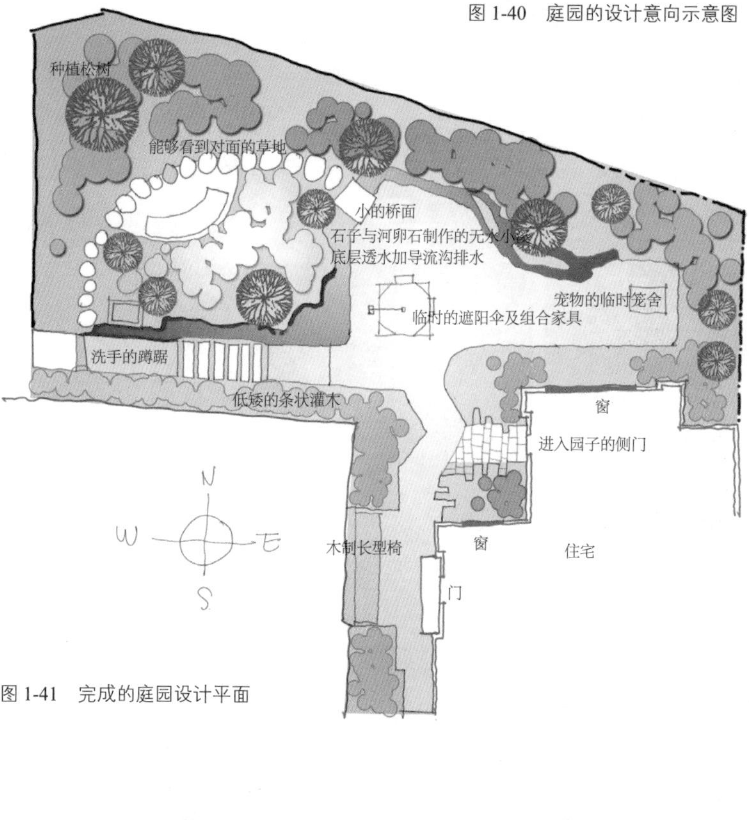

种植松树

能够看到对面的草地

小的桥面
石子与河卵石制作的无水水溪
底层透水加导流沟排水

宠物的临时笼舍

临时的遮阳伞及组合家具

洗手的蹲踞

低矮的条状灌木

窗

进入园子的侧门

窗　　　住宅

木制长型椅

门

图1-41　完成的庭园设计平面

第二章　花境的建造内容

第一节　花草树木在庭园中的作用

　　花草树木的种植在传统造园典籍中不是独立成篇，日本园林名著《作庭记》也只是在卷下以"树事篇"解释了树木种植的堪舆气场。前人在建造庭园时看重绿树宅院在山水天地间的关系，营造"师法自然"的环境，庭园内种植的面貌像自然山林一样质朴天然，那些"栽杨移竹、古木繁花"的绿化场景成为人们寄情山水的依托。人们对待花草树木，反映出与生命相同的态度，在季节的变换中感受到时间流逝与生命力，并在花草自然盛衰中反映出人的情绪，给观者保护与健康的启迪。绿化形成的庭园景观中，前人利用树木将宅院围合起来，在整体视觉效果下考虑其具体的种植类型，庭园显然成为一个浓缩的自然，其意义要胜于庭园的单独景致，在布局中前人会把形态寓意对使用者的影响加到种植上，形成朴素的植物风水学说（图2-1）。

　　庭园里的花草树木可以降低气候风向对人的不利影响，在庭园氛围中，花草树木主要的作用，是利用植物的蒸腾作用产生能量，改善局部气候。庭园种植要从植物生长的特性考虑，并与观者的使用评价形成共识，比如考虑透气与距离，要求窗前种树要离建筑2米以上，前厅对景处不宜有枯树与遮阴过大的树木，门前不宜种藤本等攀援植物，否则光线受阻会导致视距的不平衡。直至发展到利用方位学对植物品种加以选择，传统造园学认为棕榈、橘树、椿树、槐树、桂花等为吉祥植物；桃树、柳树、无患子、葫芦等有驱邪避灾作用。

　　此外传统园林还认为花叶的色彩应随着季节变化自然发生，不能以人工手段强化反季现象，过度的园艺化行为是有悖自然规律的，一切花叶植物的色彩、芳香、形态因素在自然面前都应该顺应天地规律。

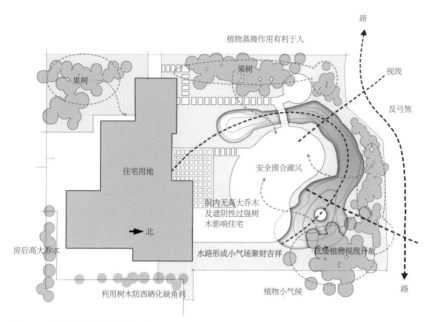

图 2-1　庭园植物的气场关系示意
植物与水塘形成的庭园，围合气场化解周边不利的视觉障碍，并潜移默化影响人的起居与健康

上述的种植理论深受传统造园理论的影响具有朴素的科学含义，在现今的庭园植物布局中还在延续使用。

　　注：《作庭记》是日本古代的一本造园专著，也是世界上最早的一部关于造园的专著书籍之一，很受日本学界重视，被视为"国宝"，在东方造园界都有所声望。

第二节　花境

一、庭园花境

　　花草组合在庭园绿化中属于人们喜闻乐见的形式，因为视角的关系与人的距离最为直接，大小面积不同的花草与庭园小景的组合，提供了令人愉悦的色彩景观，花境常出现在人们视线的焦点，位于庭园绿地的核心位置。庭园里的花境是小面积低矮花草组合的形式，在布局时模拟野生环境下的混合生长状态。从植物学角度看，庭园花境的种类大部分是露地宿根花卉、一二年生花卉及观赏草灌木等组合方式。如果是考虑应季型的，也可利用当年生的草本花卉等，这些颜色绚烂的花境成为庭园最有活力的植物环境，在庭园中得到了广泛的应用（图2-2、图2-3）。

花境的布局在具体使用中除形式外，还有其他功效，宿根花卉组合对于种植性土质有一定的改良作用；在特殊环境下种植带气味的花草对人的身体康复有较好镇静作用；在气候适宜的地方，花草还可与经济类的中药植物混合形成有经济价值的花境组合。

布局植草背景
依据坡度确定植床

确定布局空地

图2-2 庭园小路两侧的花境氛围

图 2-3 庭园水塘边的花境组合

二、花境植物种类的分类

（一）宿根花卉花境

宿根花卉是指能多年生的草本花卉，茎叶枯萎后可以继续生存，次年春季重新发芽。宿根类花卉适应性强，一次种植可多年开花，因此在投入成本上，宿根花卉比一二年生草花更经济。宿根花卉种类繁多，是观赏植物中最大类群，花色花形、叶色叶形、形态质感也丰富，这为花境搭配组合提供了多样的可能性。单个品种的花期有长有短，时间上春夏秋都能延续，因此群体搭配时，此起彼伏，各个季节的观赏效果都有不同，富于变化，最大程度上延续了花境的持续性和丰富性。宿根花卉花境在很长一段时间内都是花境的主流形式，是花境中色彩、季相、群体美和个体美的主要植物语言，从花境发展初期到现在，经久不衰。大多数的宿根花卉具有很强的季节性，主要的花期都集中在春夏季，秋冬季大都休眠，冬季景观略显萧条。常见的宿根花卉包括芍药、牡丹、锦葵、铃兰等。

（二）一二年生草本花卉

一二年生草本花卉品种繁多，花色丰富艳丽，花期、高度、形态高度统一，因此很适合布置规则式的花坛和花境。现在的草本花卉大多都呈规模化提供，品种繁多，种植难度低，易成活，景观效果容易控制。时令草本花卉大都异常显眼，色彩饱和度高，容易吸引注视。但草本花卉存活周期短，需要常年更换，不利于经济环保。比较常见的草本花卉有：一串红、牵牛花、福禄考等。

（三）球根花卉

球根花卉花期集中在春季和早夏，此时宿根花卉、观赏草和灌木大多处于苏醒生长期，球根花卉弥补了季节表现的不足，因此球根花卉大多用于春季布置。球根花卉大多具有修长的花梗，从根部窜出来的花梗往往高出叶子许多，花梗上再开出独特的花朵，这使得球根花卉在立面上极具高挑漂亮的形态，这是多数宿根花卉和草本花卉所不具备的。尤其是一些高脚杯花形的球根花卉，比如郁金香、百合非常优雅迷人，而一些球状花絮的比如大花葱、百子莲更是非常独特，非常容易成为视觉焦点。早春开花的品种花期普遍很短，花谢后迅速进入休眠，叶子和植株枯黄枯萎，影响观赏效果。此时大多采用套种球根花卉的手法进行弥补，或者在其周边种植匍匐性、延展性强的植物作为补充，快速填补休眠的空地。比较常见的球根花卉有：鸢尾、马蹄莲、美人蕉、大丽花、仙客来等。

（四）观赏草

观赏草对土质等环境要求适中，有较强的适应性，栽培管理维护都较为简单，造价也相对经济，因此具有极强的推广价值。观赏草株型色彩多样，相对于宿根花卉，大都质感细腻柔美。由于观赏草都是单子叶植物，花絮和叶片薄而软，阳光几乎可以透过去。在阳光的穿透下，观赏草本身的质感、颜色更加梦幻迷离，如同三棱镜一般演绎彩虹般的效果，尤其是夕阳时分，光影摇曳，妩媚动人。观赏草具有五彩斑斓的色彩和飘逸的动感，适合在面积较大的庭园中使用，符合都市人渴望回归自然的心理需求。由于观赏草耐贫瘠多年生低维护的特性，满足了经济维护的诉求，其自身植株形态既可独立成景塑造各种体验，也几乎可与任何植物搭配，近年来广受欢迎。观赏草一般发芽较晚，在初夏才可能抽穗成形，品种不如花卉种类多，因此如果追求春季效果和花朵，大多会配置适量的宿根花卉作为补充。常见的观赏草包括：狼尾草、花叶芒、菖蒲、眉草等（图 2-4）。

图 2-4 花叶芒形成的高低起伏花境

（五）花境的组合

花境按观赏形式可分为单侧花境和组合花境，单侧花境位于道路及边墙一侧，后面往往有庭园围墙、栅栏或山墙作为背景，组合层次为后高前低，形成面向道路的展开形态，便于观赏。组合花境是独立成景，满足人们多个方向的观赏需求，如果加入些特定的容器甚至可成为庭园艺术品。这种亲人视角下的花卉草木组合，颜色缤纷，可大可小，保证了庭园的景观品质（图 2-5~图 2-10）。

图 2-5 单侧的花境（摄影：李玉鹏）

图 2-6 彩叶植物形成的单侧花境（摄影：李玉鹏）

图 2-7 路边植物形成的单侧花境效果

图 2-8 墙角植物形成的花境效果

图 2-9 水池边的花境

图 2-10 组合植物花境

花境的植物品种，可以是多种类组合或者单一种类。在具体使用上，如果是面积较大单一品种花境，比如大面积种植郁金香，会形成色彩上的花海，丰富草坪形成壮观的效果（图 2-11）。单一品种的种植花境常出现在公园及较长的道路两侧，但放置在小面积的庭园内就会略显呆板，因为缺少颜色变换。所以庭园内的花境组合更适宜几种到几十种植物搭配成整体。考虑到效果以及后期的养护管理，庭园花境的植物材料一般以多年生宿根花卉为主，像百合、鸢尾、菊花等组合。一二年生花卉更换养护不便，但开花效果较好可适量应用。

图 2-11 专类植物花境（郁金香）

三、花境的布局方式

（一）花境植物的选择

首要考虑的是花期及维护更换两个因素，选用本地常见植物种植，在各方面都不会有太大问题，要想栽植一些奇花异草需要谨慎，除非是选择置于室内。选择花境植物要了解植物的习性，在保证植物生长的前提下，再考虑植物的观赏特性及搭配组合的效果，形成漂亮的花境。混合型的花景组合是园子内常见的种植方式，如果从最简易的高低组合来看，一般情况下，背景较高的植物常选择大花六道木、美国紫珠、日本小檗、红炮仗蕨、山梅花等花灌木。前景植物是花境底层，使用较低的植物，这些植物的作用是把整个花境与草坪、道路连接起来。花境前景植物的选择与种植尤为关键，不像高层散布点缀其中，或大片或小面积分布，布局时品种一般在 10 种左右，过多则杂乱无章。

北方庭园内的花境植物要考虑日照因素，生长效果不佳的花境植物大都是日照时间不够所至，所以选择耐阴的植物至关重要，常见的耐阴性植物比如玉簪，玉簪是喜阴又不易生病的宿根植物，后期的养护修剪都较容易。同时还可考虑种植铃兰、盖蹄蕨、落新妇等。

花境植物栽种后，为使花卉生长茂盛，效果美观，最好在春季新芽抽出时追肥；秋季落枯时，可在花叶植株四周堆肥；花卉幼苗期，枝叶发育期多施氮肥，以促进营养器官的发育；而在开花期，则应多施磷肥，延长开花期。施肥前要松土，有利于根系吸收，施肥后要及时浇透水，对于刚种植的植物必须及时浇足水，移植后必须保证连续 3 次浇透水：即栽植后第一次浇透，过 3~4 天后进行第二次透水，再过 5~7 天进行第三次浇透水，至植物恢复长势后再依据天气情况实施灌溉。同时及时剪除枯枝、有病虫害的枝条、位置不正而扰乱株型的枝条、开花后的残枝等，并及时清除，既有利于改善植株通风透光条件、减少养分的消耗，又能保证植物景观的最佳观赏效果。

（二）换花与调整

随着生长时间的推移，花境植物局部会出现生长过密或稀疏的现象，应及时调整。花境应用中为了达到较好的景观效果，会使用一定量的一二年生花卉，而一二年生花卉的花期相对较短，因此在养护过程中，对一二年生花卉的生长情况要尤其关注。同时如果花境中应用了花灌木，则要定期对其进行修剪。花境中植物变得稀疏未及时补植，会造成景观效果较散，反之，花境中植物过密未及时调整、灌木未及时修剪，也将影响景观效果。当植物生长到一定阶段后，如果原来设计的种植关系有些不协调，就需要重新调整，使花境效果更美观，一般只是作局部调整。

（三）花境植物的布局高度

花境植物的布局高度主要是以观赏的视角而定，植株较高的花叶一般放置在视野的远处，形成较高的背景，但如果花叶色相较好则放置在中间位置，形成视觉中心。植株较矮的花叶在摆放时通常位于花境的最前，这样在欣赏时还可以直接触摸，形成较好的互动氛围，花境植物的高度布局如图 2-12 所示。

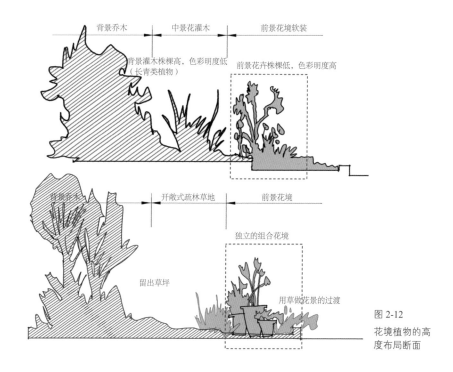

图 2-12
花境植物的高
度布局断面

第三节 让庭园花境变得更有吸引力

一、花境趣味搭配

花境植物常与承载容器或道具共同形成景致，为创造有吸引力的美好环境，常见的方式是利用花灌木的枝条编织形成花篮等。现在的花境为了增加使用性常增加座椅等休息设施，让人们全身心地融入花丛中。花境的容器可有多样的选择比如陶罐、树桩、空心砖、浴缸、轮胎，在摆放时形成一定的观赏路径或主题性质，当花草与之搭配后则焕发出新的活力，这被称为"情景式花境"。如果庭园中的面积较大，还可以在花境的高度设计上做文章，结合现代化的材料形成艺术品或花境装置。

花境一般用作庭园的主景，但也可以和其他景观结合，共同作为主景或配景，这种搭配组合更能够突出庭园的主题，产生趣味性、独特性。

如果庭园坐落在山地丘陵地带，本身带有高差变化，花境可以随坡就势布置在坡地或台阶边，立体感强，也显得更加自然。坡地地形也非常适合搭配置石，花卉与置石掩映穿插，观赏效果更佳。平缓地带的花境营造也常常以起伏的微地形作为依托，根据花境植物层次的搭配，以微地形强化植物的高低错落，增大了植物观赏面，使花境的层次更鲜明、更丰富、更自然，起伏地形也有利于绿地排水（注意坡度坡向）。

较大型的庭园如果有条件，在花境前面造出一片小水面，种植些水生、湿生植物，水面倒映着天空和繁花，整个空间的层次和色彩将会更加丰富。如果再养些水生动物，形成生态系统，整个庭园会变得生机勃勃。庭园水池适合体量较小的水生、湿生植物，如睡莲、荇菜、灯芯草、菖蒲、马蔺、鸢尾等。

花境是一个由多种植物组成的复合体，受到温度、时间、季节等因素的影响，它一直处于生长变化中，这也是它的美与魅力所在。要想在建成后就马上达到满意的效果是不现实的，布局之前需要精心设计，建造过程中需要预留植物生长空间、现场搭配调整，建成后发现效果欠佳的地方（允许试错）还要调整，后期还存在养护管理及间苗换苗等工作，在不断付出的劳动过程中，花境及庭园才会变得越来越美，这也正是庭园花境带给我们的乐趣（图 2-13~ 图 2-21）。

图 2-13 窗前的木质花篮组合
用木箱组合漂亮的花草摆放在窗前的效果，考虑种植香味花叶有驱虫的功效

图 2-14 花境围合成的休息环境

图 2-15　用露台抬高形成的花境效果

图 2-16　废原木改建的情景花境组合

图 2-17　大型的花境造景陈列效果（摄影：李玉鹏）

图 2-18　多材质的蔬菜花境细节（一）

图 2-19　多材质的蔬菜花境细节（二）

图 2-20　各种花卉组合的不同摆放形式　　图 2-21　最小的苔藓花境效果

二、自制立体花架

利用闲置不用的木板，加工组合成个人喜欢的花架的过程充满了趣味。自制的办法有两种，一种需要木板或型材，另一种则是在可能改造的基础上重新利用，比如利用废旧的折梯。做好的花架需考虑放置的位置，花架放在屋前及墙脚的可能性更大，这由它自身的大小来决定。立体花架制作的重点是能够承载种植花卉与蔬菜的容器，除考虑高低层次外，容器的深度及造型也需提前安排，制作安排如下：

1）10 厘米宽、3 厘米厚的木板裁成长短不一的形状以备安装。花架类似折叠的木梯子，高度及宽度根据院落摆放的面积和位置决定，一般高度在 1.4 米左右（也可以板材尺寸来决定）。

2）利用电钻自攻螺钉及固定器现场组合，这一步需要计划好需要多少木制板材或提前加工备好。

3）制作木制的类似抽屉状的木盒，也可直接购买 PVC 材质的容器。

4）内部填土，需要加入部分花草肥料。

5）种植花卉及自定义品种，也可在木盒中直接放入栽种好的盆栽花卉。

6）单独或者与其他花卉容器一起组合。

7）考虑日照因素，摆放在园内最佳的位置。

自制立体花架过程如图 2-22 所示。

一、楼梯式的花架

1. 在图板上画一个简单的设计图，最重要的高度尺寸依据个人要求
2. 准备厚实的木板（厚度3厘米）或者中废弃的木板，裁切备用
3. 用自攻螺钉锁紧加固

二、制作类似抽屉的盒子或者废弃的木盒并刷漆

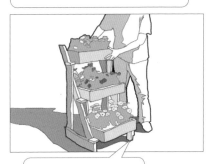

三、在盒子内置入花土并拌入肥料

五、摆放在做好的立体花架上

四、种上喜欢的花草或者盆栽

六、花架的组合

1. 找到你在园子内可放置花草的一切物品，如：废弃的轮胎、木箱、椅子，由高到低形成组合
2. 把颜色最漂亮的花叶放置中间形成中心，前景可放置些低矮的多肉植物，或耐阴的花草等
3. 剩下的任务就是浇水与养护，使这成为园子内最漂亮的小景

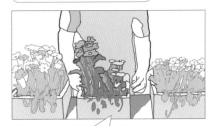

图 2-22 自制立体花架过程

三、用石头自制带秋千的花圃

制作前需要仔细查看位置，如果是在树荫下的位置则再好不过。自制的花圃不需要过于精致，考虑到现场制作的趣味，不必过大，不需要制作边沟。可以直接在较硬的地面上用水泥砂浆砌筑毛石矮墙。高度定在 30 厘米上下，在砌筑好的矮墙内回填种植土，栽种你喜欢的花草。考虑到日照问题花草要耐阴，比如考虑种植景天、玉簪或萱草等。剩下的环节即在树杈上捆扎秋千晃绳，选择在树木主干上捆扎需要增加晃绳的垫片，这样捆扎效果更牢固。晃绳末端穿过座板底孔，秋千的座板距离地面 50 厘米，晃绳秋千制作就算告成，如果考虑美观选择购买秋千也是合理的办法。

用石头制作带秋千的花圃过程如图 2-23、图 2-24 所示。

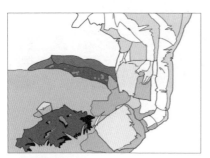

一、做花圃的边沟

1. 用圆锹、镐头开挖深 20 厘米的边沟，宽度根据收集的石块而定
2. 沟底做简单的夯实
3. 将大块且底部平整的石块排放在沟底，这样的石块砌成的花圃更加牢固

二、砌石矮墙

1. 根据摆放的稳定性，摆放大小不等的石块
2. 这阶段耗费时间较长，目的是摆放后石块不至于滑落
3. 用简易的水泥砂浆铺垫粘牢，如果自由摆放稳定，此阶段可省略

三、填土

1. 砌成 30 厘米高的石头矮墙花圃
2. 粗砂土筛匀回填，加部分堆肥土填入
3. 用脚踩实，回填土不宜超过矮墙

图 2-23 用石头制作的带秋千花圃

四、加入花草与秋千

1. 利用废置的轮胎做简易的秋千
2. 种植你喜欢的花草，如菊科等
3. 浇透水，观察石头花圃的稳定性，并作纠正

图 2-24　完成效果

第四节　庭园植物的栽种

一、庭园的树木选择

庭园内种植何种树木？自古以来就有不同的种植意向，尽可能种植叶片不至于过大过密的树木，从采光透气角度考虑更容易被大多数人理解。那些树形优美，果实累累的树木更适合出现在庭园内。果树类乔木包括干果类与水果类，干果类如核桃、柿子树、枣树等；水果类包括梨、石榴、杏、樱桃及葡萄。花木类乔木包括海棠、凌霄花、桂花、牡丹等。如果庭园面积过小可考虑小型的盆栽，果树类的种植时间最好在秋末冬初。

二、果树种植

（1）要选用优质果树苗，秋栽果树成活率较好 选用无虫害，未发生早期落叶的当年优质嫁接树苗，树苗高 1~1.5 米，根系完整，病苗弱苗等树品不能栽种。果树生长需要日照充足，种植时需要不被其他大树遮阴，这样果树就不需要和其他植物争夺阳光。

（2）种植时挖 60~90 平方厘米的栽植坑 挖种植坑时表层土和新土要分开堆放，施入土杂肥 10 千克左右，肥料与表土混匀后，一半回填种植坑中，另一半留于种植坑边以备回填使用。

（3）栽植时间 一般在树叶落完后至大地封冻前进行，以 10 月下旬至 11 月上旬为宜。

（4）栽植方法采用"泥浆法"成活率高 方法是将一半表土填入种植坑中，浇足量的水，用铁锹将种植坑内的土和水搅成稀粥状。然后放苗，晃动一下，使树苗根系伸展，而后将剩余的表土回填入种植坑内，水渗后 2~3 小时封掩。栽植深度一般以超过原苗木栽培痕迹 3~5 厘米为宜。

（5）苗木栽植后，有条件的最好覆盖地膜 这样可以保墒防寒，提高地温，加快根系愈合速度，延长根系生长时间。

如果不覆盖地膜，必须在苗干上包草或苗木基部培土，土堆高度 30~40 厘米，进行保湿防寒。入冬前要对苗木进行定干，剪去苗木上部不充实的部分，定干高度要因果树品种而异，一般定干高度为 70~80 厘米。剪口处涂抹铅油，防止因水分蒸发而抽干。次年春季，扒开土堆或揭开地膜，浇一次水催芽，浇水后要及时中耕松土和覆膜，有利于保墒和提高地温，促进苗木发芽成活。

果树种植步骤如图 2-25 所示。

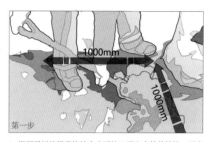

第一步

1. 根据果树的根茎抱坨大小开挖 1 平方米的种植坑，深度
   0.9 米（依据抱坨大小）
2. 开挖的种植坑底需清除大的石块及碎砾石
3. 开挖的土质收集好，留作回填使用

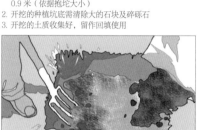

第二步

在种植坑内加入堆肥并用叉子搅匀

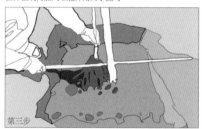

第三步

1. 在种植坑中心处立木桩以便做扶正，并用榔头固定
2. 大多数果树苗嫁接在砧木上，回填后应保证此点在覆土
   之上
3. 离固定木桩 5 厘米处栽种果树，注意保护根系
4. 栽种果树过深过浅都不利果树成长，留出回填的位置

第四步

1. 落地的果树苗覆土后应用手略微上提，并再次落入种植
   坑内
2. 在覆土时拌入些肥料
3. 用脚踩实并固定树苗，并保证根系不被破坏

第五步

仔细用绳索捆扎扶正的立柱，并保证树苗尽可能垂直

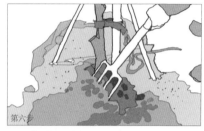

第六步

用叉子将肥料及回填土摊匀

1. 覆土后表面加盖碎木皮或松树木皮，
   在表面铺满
2. 立刻浇透水
3. 后续的养护定干需根据实际情况而定

第七步

在园内种植的果树，春季要定期的施肥，
及时浇水。木本科的果树在秋季要剪枝
整形，让枝干向上长，这样在春季果树
枝叶才会长得繁茂，枝叶展开花苞越多，
结的果就多

图 2-25　果树种植步骤

三、草坪种植

（一）草品铺设的时机

种草皮及撒草种需要自己选择，草皮及草种价格都很适宜，有人认为种植草比较方便，但种植草要在最初五六个星期内天天洒水，确保草皮不干。什么时候该放弃原有草坪，换新草皮？一般来说，当草坪中有五成以上的草都是杂草时，换草皮比较合适，如果杂草只占面积四成以下，只要设法除去些杂草，并在春天或秋天时撒草种，就可以补救。如果要铺草皮，最佳时机是秋天，八月中旬到九月中旬，其次是春天。最不好是夏天，高温高湿，因此要一直给草皮补水。秋天最好，因为天气仍然热，有助于草生根发芽，但又不太热。此外秋天天气有些潮湿，土壤易保湿，而且距冬季仍有一段时间，让草坪可以安定生根。

（二）铺设的基本操作

（1）铺草的室外温度不能过低，在 15℃左右　先将要铺草坪的地面清理干净。将杂物如石块、树枝、砖头等都清除，然后平整地面。如果有大的树桩留在土的下面，需要及时清除。要确保铺草皮（或撒草种）的地面有好的排水，稍有倾斜的地面也要铺平，加厚一些新土。用耙松动地面的土，深度最少要 5 厘米左右，将来添加新土时，才比较容易让新土与旧土融合。为了杜绝以后生杂草的机会，专业铺草皮的会先在土面施肥并洒水，让土里的种子先发芽，两周之后再撒一次除草剂。

（2）铺大约 10 厘米厚的新土　这样草的根部才更容易往下生长，而草的根越长，将来越健康，根生得深代表耐旱，表土没水都不会干死，所以草皮下的土壤越肥沃，草皮生长越好。

（3）回填土的选择　不能自己去河边搬沙土来用，因为可能有霉菌。这些土都可能含有杂草种，用时要辨明。最好是堆肥土和表面土为主，泥炭土和沙土各占 1/4 以下。铺好新土后，最好用耙将土面多次拨平。

（4）铺设草坪　土准备好后，就可以铺草皮。目前的草皮都是成卷出售，宽度约 0.33 米，因此要有计划地将草皮铺在土面上。草皮铺好后的维护工作非常重要，为了使草皮上的草根都能快速生长，延伸到土面下，最初的一个多月必须勤于浇水，不能让草皮及下面的土壤干结硬化，这段时间除了浇水，最好时不时在草坪上走一走，使草皮与土壤更接近。如果是撒草种，可以使用播种机，可以将草种较均匀地撒在土面上。

撒种方式是先按说明书要求的一半的量，先撒一次之后，再回头从另一个方向再撒一次，这样会更均匀。一般的要求是，100平方米的土地，使用大约2千克的草种，不要吝啬，稍多亦无妨。如果是用手撒种，最好先将草种与土壤混合后再撒，以免草种一堆堆地聚集在一起。撒种后，最好再用耙将土轻轻扫平，使草种融入土壤中。

刚刚撒种的草地必须维持潮湿，种子才会发芽。最初一个多月的浇水方式是用最分散的花洒，轻轻地浇在土面上。只要表层土1厘米深潮湿就可以，直到草叶长到5~6厘米时为止。在较热的时间及地方，有时一天甚至要浇两次水。有人为了保持潮湿，会在草坪上覆盖一层干草帘。想要草种发芽一般都要高温，不能在天未暖时撒种。最好在有连续适宜气温的条件下进行，草皮铺设过程如图2-26所示。

（三）草坪草的种类

草坪草的种类需要考虑庭园内的日照时间和气候，暖季型草坪草的最适生长温度为20~30℃，特点是耐热性强、抗病性好、耐粗放管理，多数种类绿色期较短，色泽淡绿，主要包括狗牙草属、结缕草属、画眉草属、野牛草属、地毯草属等。冷季型草坪草的最适生长温度为15~25℃，主要特点是绿色期长、色泽浓绿、管理需要精细，包括早熟禾属、羊茅属、黑麦草属、雀麦属等。庭园草坪草的选择需要考虑粗放管理的因素，"四季青"品质的草坪耐候特征较好，这是由几种草种混在一起种植出来的草坪，可以根据不同需要搭配种植，比较常见的为黑麦草、剪股颖、结缕草等搭配在一起。

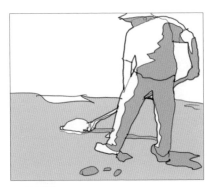

一、清理用地

1. 垫铺草坪草的用地需要依据地形及个人的要求进行处理
2. 平缓与起伏的草坪地各有特征
3. 垫铺草坪需将场地内垫土平整并夯实
4. 用圆锹垫土

二、摊平

1. 用平耙摊平
2. 清除大块石子，粗砂筛匀

图 2-26　草坪铺设过程

三、垫铺草坪草

1. 根据所在气候及位置选择暖季型草坪草，如：狗牙草、结缕草，或冷季型草坪草，如：早熟禾、羊茅草、黑麦草
2. 大多草坪草类似块状

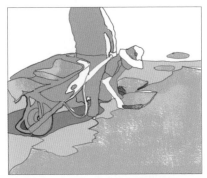

四、转角垫铺

1. 用灰刀将草坪草裁切至合适尺寸，注意铺垫下的石子
2. 小的缝隙可用细沙填充

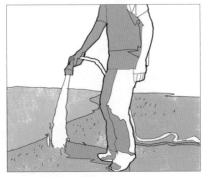

五、浇透水后用脚踩实草坪草

第三章　庭园路面的铺设建造

第一节　园路的铺装材料

一、传统庭园的铺装

遗存至今的传统庭园在铺地材料上未有过多的变化，从前人建设园林的角度看，在地面上的铺装质感配合庭园的喜好出现，园内建筑布局追求天然质朴，铺地材料使用也尽可能取之方便，这是前人"不烦人事"观念的体现。铺装的类型可分为规则与花街两大类铺法，常见瓦片、石板、青版石、雕砖等形成规则化铺地形式。就如《园冶》中"花环窄路偏宜石，堂迴空庭须用砖"的描述一样，这里的砖与条石都是取材容易的地面材料，使用起来也相对廉价。而花街铺法是利用碎石及鹅卵石铺装的图案纹路，如福禄、财运等图形，这些图案表达了对美好的向往（图3-1、图3-2）。

图 3-1　庭园铺地

传统庭园铺地利用鹅卵石花街铺法形成的福禄寓意

八字、八角、花街铺装的实景

图 3-2　各种地面的实景照片

二、常见的铺装材料

可用于庭园铺装的材料种类有很多，例如不规则石片、方正的石板，卵石、枕木、耐火砖等常在庭园中出现。规则化的石材可以体现庭园整齐的风貌，在面积允许的情况下能突出公共活动环境的规整气氛。石材还可以依据加工的要求形成方向不一的拼装效果，常在较大的公共庭园内出现。变化较多的石片及木材更适合出现在较小面积的庭园内，烘托私人领域更加出彩。不同材质肌理有各自的风格和效果，无论哪种材质和铺装形式，都决定了庭园整体的风格定位及后期效果，每一处的铺设都饱含设计师的观念，展现出花园主人庭园使用的个性和趣味（图 3-3~ 图 3-5）。

图 3-3　木材鹅卵石路面镶嵌效果

图 3-4　碎石路面镶嵌效果

图 3-5　青石板杂石路面

（一）石材

　　花岗石类的石材或石板是质地优良的铺地材料，此种用材适合多种场地；青石板质地美观，强度中等，易于加工，可采用简单工艺切割成薄板或条形用料。这两种石材的选用具有以下特点：第一，装饰效果新颖，青石板体现的是一种自然清新、返璞归真的自然效果；第二，表面平滑，青石板未经过人工刻磨，保持了天然板岩原始的自然风貌；第三，价格适宜，如青色、锈色、黑色（平板）石材是比较常见的铺装材料。这两种石材应用范围很广，通常会将这种铺装应用在较为规整的空间里，可以突出稳定的庭园氛围（图3-6）。石材在铺装中需要注意基础垫层，它的厚度直接影响表面材料的牢固性和稳定性。

（二）砾石

利用机械打碎的小碎石被称为砾石，因为个头比较小，所以常用于填充各个形状的铺装边界。砾石的透水性较好，会形成渗水安全的表面（图3-7、图3-8）。在庭园铺装中使用砾石，形成粗糙的质感，同时还兼具阻燃防火的作用，比如在庭园内搭建烧烤用的地面。

（三）瓦片

瓦片形状多样，能够按照一定序列排列出漂亮图形，赋予地面全新活力。在使用中，瓦片一般会被用于人行

图3-6　花岗石板地面（摄影：李玉鹏）

图3-7　碎砾石路面
碎砾石铺成的路面能快速渗透雨水，这省掉了排水边沟的设施

图3-8　细砾石路面形成的休息环境

道、排水沟或隔离墙等。瓦片被频繁应用在庭园铺地中，给人以古朴、宁静的美感，是中国文化深邃而含蓄的缩影（图3-9）。

（四）砖

在建造中称砖为砌块，砖的表面有粗糙的纹理，是较为廉价的用料。因其有不同的颜色和多样的铺装形式，适合不同的庭园空间表达，无论是园路、墙面或者小品等，都能极为融合，展现不同的自然美感。用砖铺地，施工简便，形式多样，色彩丰富，而且形状、规格都可以控制。拼接的形式多种多样，可以变化很多图案，同时新型的技术还能应用到透水路面上，防止出现地面积水现象（图3-10）。

（五）嵌草砖

嵌草铺装是指在块料路面铺装时，在块料与块料之间留有空隙，如冰裂纹嵌草路、空心砖纹嵌草路、人字纹嵌草路等。草地及嵌草铺装与其他硬质材料相比，更具亲切性，也更为柔和与自然。

（六）木材

木材是天然产品，处理简单，维护、替换比较方便，表面可以随意涂色、上漆，或者保持木质本色，给人温暖的感觉。如果不是面积过大的环境，用废旧的木板来铺地面，也是一种较好的选择。木材铺装的庭园露台或是座椅区域效果极佳。

图 3-9　瓦片及砖块的铺地组合

图 3-10　砖与混凝土条石形成的路面

（七）鹅卵石

鹅卵石经常作为装饰材料出现，铺成一条漂亮的花园小路，或是放在路边作为装饰。鹅卵石铺装在园林中使用已久，在各大名园中都有其精美的身影，中式铺装更是常采用鹅卵石作为花街铺地的一种材料，打造出古色古香的铺装效果（图3-11、图3-12）。

第二节　园路的工艺制作

图 3-11　鹅卵石形成的路面铺装

一、路面浮石制作

浮石常用于穿过庭园的道路或者小径。浮石形成的路面一般是自然弯曲的形状，使用时因为材料质感，通常情况下游览人步行的速度不是太快，能更加舒适地看到庭园不同的景色。浮石用材是相对古朴的园路材料，对比现在工业化的铺装材料，它的质感亲切，体现出返璞归真的效果，尤其是在日式的庭园中，浮石不仅用于庭园的小路，也是自然幽静的体现。浮石铺法图案如图3-13所示。为保证人行走的舒适度与趣味性，庭园内常出现的浮石方向结合了景致变化，也可能在庭园地形中展开，并在保证行走安全的前提下形成特有的庭园幽静面貌（图3-14、图3-15）。

图 3-12　鹅卵石在墙角形成的滤水路面

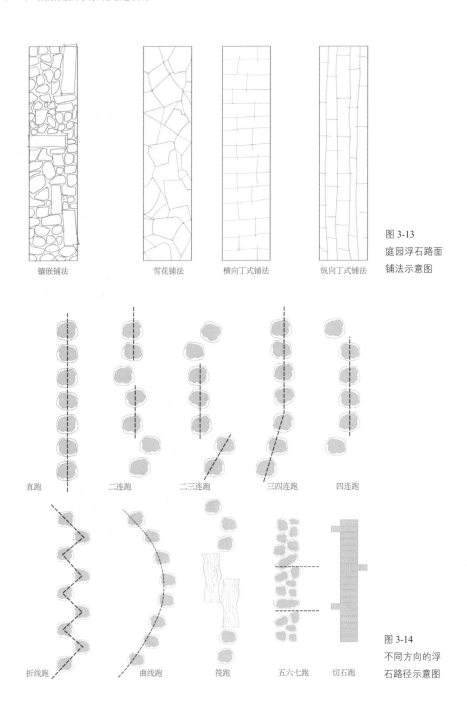

镶嵌铺法　　　　　雪花铺法　　　　横向丁式铺法　　　纵向丁式铺法

图 3-13
庭园浮石路面
铺法示意图

直跑　　　　二连跑　　　　二三连跑　　　　三四连跑　　　　四连跑

折线跑　　　　曲线跑　　　　筏跑　　　　五六七跑　　　切石跑

图 3-14
不同方向的浮
石路径示意图

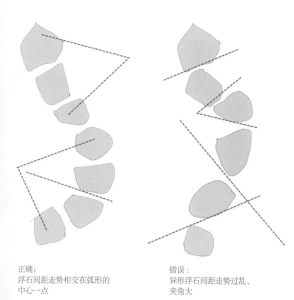

正确：
浮石间距走势相交在弧形的
中心一点

错误：
异形浮石间距走势过乱、
夹角大

图 3-15　曲线浮石铺法正确与错误示意图

庭园浮石在选材使用上可将长宽不等的石材并用，考虑到庭园内悠远的气氛，浮石形成的道路方向不能直接将游览人引入目的地。比如在日本的庭园内，浮石路径不能直接引至茶室，反而需要将路面折弯变曲，将其引到另一处目的地。通过浮石方向变化打乱游览人前行，或者人为利用浮石的排列变化扰乱前行的步伐（图 3-16）。浮石的变化组合成为庭园景观独特的游览体验，这好像在茂密山林中行走观赏，每一步行程都会看到不同景色，表达出深远的庭园情趣。浮石的排列方式是让游人方便四处游览，在此基础上需要仔细留意铺设的间距。排列浮石间距有严格的规定，不允许出现"一步半"的错误步伐，以确保游人安全稳步地通过。结合行人走路习惯及庭园露台位置，大面积的浮石块材都出现在路转折处，如果双向同时通过，要增加路面转弯的预留面积，在光线较差时还会形成较强的路面反光，成为指引的标识（图 3-17）。

图 3-16　庭园内浮石路径形成的方向性与扰乱性
（摄影：李玉鹏）

兼具实用与美观的浮石路径，需要着重考虑合理的铺装过程，在铺装建造前需要了解浮石铺装的基本构造（图3-18），这决定了浮石完成后的稳定状态，浮石铺装的过程如图3-19所示。

图 3-17　形状不同的浮石铺装排列效果（摄影：李玉鹏）

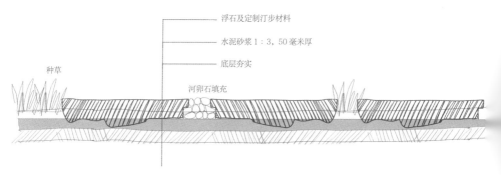

种草

浮石及定制汀步材料

水泥砂浆 1：3，50 毫米厚

底层夯实

河卵石填充

图 3-18　铺装的断面示意图

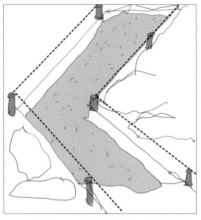

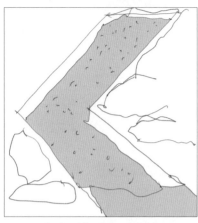

1. 按照个人的尺寸需求，确定大致的园路铺装走向及宽度，通常能保证舒适的最小园路为 0.9 米宽。在园路基础边缘用白色的绳放线，这样能保证铺装整齐

2. 开挖 0.3 米深的园路基础坑，需要平整夯实

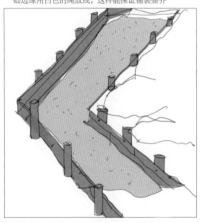

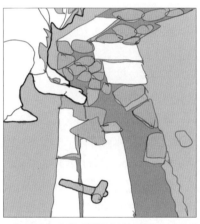

3. 将木板放入园路基础坑侧立面上并与木桩钉紧，这样能保持铺装时的稳定，可在园路建成后拆除

4. 将天然及加工好的石块铺设在园路基础坑中，石块利用水泥砂浆黏合，铺设的高度略高于周边地面，并用橡皮锤压实。这一步骤可根据个人喜好决定材质的颜色变化

5. 将最大的天然石板铺设在主要的园路转角处（依照个人的步伐尺寸），并将浮石缝隙填上草皮

图 3-19　浮石铺装过程

（1）**平整场地** 需要提前勾勒出铺设浮石的边线范围及大致的路径方向，如果是有起伏的庭园场地，没有特殊要求尽可能避开缓坡，采用弯曲的铺装方向。下一步的工作就是要用耙子等工具平整场地，去除大块的杂石和乱草，如果场地中有坑注则用石块垫平处理。

（2）**开挖路基** 在铺装浮石的路径下开挖浅坑并夯实，目的是使浮石全部铺设完成后与地面持平或略高于地面。开挖的浅坑一般略宽于路面，深度在 20 厘米上下，浮石经过的特殊面需要提前做夯实处理。在浅坑两侧插入木制或塑料挡板，制作完成后拆除，这是为后续制作路边缘考虑。

（3）**垫层处理** 在平整后的基层上，铺设一层粗沙大约厚 3 厘米，在它的上层再抹上一层约为 6 厘米的水泥砂浆，水泥和细砂石按 1：1.5 的比例搅拌。将浮石石板放入，如果角度及位置有误，可在现场调整，并利用橡皮锤固定（图 3-20、图 3-21）。

（4）**工艺细节** 在铺好的浮石石板上，覆上一层搅拌好的干灰，并用笤帚轻轻地抹扫均匀。用洒水壶冲洗路面，直到石板部分露出，洒水冲水的时候要用力均匀。

（5）**浮石间的空隙** 在浮石的间隙中种草或填充小的河卵石，保证在雨水冲刷下能快速沉降，并能使路面看起来美观。

利用碾盘形成的庭园浮石路面效果如图 3-22、图 3-23 所示。

图 3-20　铺设细节
为形成美观的路面效果，镶嵌异形石板应注意拼插的角度

图 3-21　制作细节
大型条石形成稳定边界，碎石形成浮石位于路面中央

图 3-22　碾盘形成的庭园浮石道路设计图　　图 3-23　完成现场

二、大面积石材路面的制作

　　大面积的石材路面，要着重考虑表面的铺设坡度，虽然坡度过小基本感觉不到，但这不影响具体的使用。坡度的具体安排是从庭园中的建筑向园外低洼处倾斜，铺装坡度的目的是在雨天将雨水排出且保证石材地面不产生积水。如果在制作初期考虑利用透水型石材，比如发泡型石材，也需在制作时考虑过急水流经过地面产生的积水问题。庭园里最常见的石材是岩石板、花岗石板、水磨石板等（图 3-24、图 3-25）。因为质地过软，一般不建议用大理石类石材。最常见的石材地面制作过程包括：

　　（1）连接石材的基层处理　　查看基层的平整情况，偏差或坑洼较大的基层需要提前修补填平。如果石材的厚度较大，在基层处理中需要夯实以保证铺设基础稳定。

　　（2）考虑连接的黏合　　常用一定比例的水泥砂浆，砂浆的黏合厚度需要和石材的厚度保持一定的比例。

图 3-24 对角方向铺装地面效果

图 3-25 条石形成的大面积地面

（3）如果有石材拼贴时 对花纹的考虑，需要提前尝试，并进行标号。

（4）完成后的石材地面 需要利用同色的水泥干粉灌缝。

（5）待石材表面及基础完全固化后使用 后续用清水冲洗，原则上铺设两天内严禁上人。

三、园内木地板制作

由于户外环境的特殊性，庭园铺设的木材是经过处理的特种木材，品种也很多，塑木地板、防腐木地板、炭化木地板等。木制地面的感官及使用效果非常明显（图 3-26、图 3-27），以实木型庭园地板制作举例，过程如下：

1）庭园地板底层必须处理平整，最常用的木地板大多经过防腐的技术处理。木地板现场安装时应充分保持木材与地面之间的间隔，这可以更有效地延长木地板的寿命。

2）庭园木地板制作安装时，木地板之间需留 0.5 厘米的缝隙，可

图 3-26　木制地面形成的庭园露台　　　　图 3-27　木制铺装的桥面

避免雨天积水时木地板膨胀带来的差异。

　　3）首先需要在安装木地板的基础地面上进行至少 5 厘米深的夯实硬化，如果有特殊的要求，可在此基础上制作简易混凝土地面，然后铺设龙骨（龙骨可利用钢结构制成），最上面铺设 2~4 厘米厚的长条木地板。

　　4）不允许使用不同材质的金属制品，否则金属会快速生锈，使木地板受到损伤。在制作的过程中，应先用电钻钻孔，然后用螺钉固定，以免造成人为的开裂。

　　5）尽可能使用现有尺寸及形状，木地板在加工裁切过程中的破损部分应涂刷防腐剂和户外防护涂料，防腐木本身是半成品，表面清理干净后亦可涂刷户外防护涂料。如遇阴雨天，最好先用塑料布盖住，等天晴后再刷户外防护涂料。

　　6）在搭建庭园防腐木露台时，尽量使用长木板，减少接头，以求美观。

　　庭园木地板建造过程如图 3-28 所示。

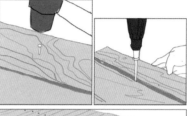

1. 制作架空木地板龙骨

清理并夯实庭园场地，根据个人喜好放线确定铺设的面积大小，每间隔 0.8 米下挖土坑（长 0.4 米、宽 0.4 米、深 0.5 米），在土坑内制作砖构成的台子（高出平整后的地面 0.3 米），利用水泥砂浆抹平。可以利用钢制梁或木制梁制作架空的龙骨，如果庭院内基础良好，此步骤可省略不计

用钢板制作埋件（膨胀螺栓固定在台子上）

2. 往木龙骨上铺设防腐木地板

铺设时，先把木地板放好靠紧，然后在各龙骨处钉上螺钉（只钉上不倒就行），使用螺丝刀插入缝隙中，隔开间距后用手靠紧，然后用电钻把螺钉钻进龙骨即可

用电钻把高速钢螺栓固定在龙骨端头

用自攻螺钉将防腐木地板固定在木龙骨上

3. 地板收边

地面所有板材铺设好后，就可以收边了。在铺设的时候，板材长度应略长于最外层的地基边界，并在地基外侧立面钉一根龙骨，用于收边。收边时，在地板上与侧龙骨垂直的地方画一条直线，用电圆锯切割整齐。然后拿一张地板垂直贴于切割面上，最后每根地板钉一颗麻花钉，当然，侧龙骨也要钉上几颗麻花钉

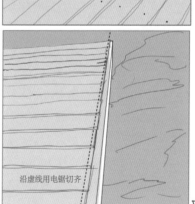

沿虚线用电锯切齐

4. 给地板刷油

上油漆之前，要把防腐木地板打磨一遍，否则会刷油不均匀，磨完以后，把想要的色清兑入木油漆，再均匀地刷在地板上即可。

油漆干透后摆放一组漂亮的座椅，至此，完整的花园防腐木地板就铺完了

图 3-28　庭园木地板建造过程

四、护路篱笆的制作

起到防御功能的竹篱笆,最早出现在春秋时代,"藩"代指现在的"篱笆"。中国的农学名著《齐民要术》中单独以"园篱篇"记录了篱笆的主要作用与形状特征。竹篱笆在传统文人的笔下还成为诗情画意的名词,东晋时代的诗人陶渊明将"编篱种菊"场景描绘成田园诗歌。竹子制作的篱笆看起来自然,安装与拆除也相对容易。在日本的庭园中竹子篱笆结构有准确的称谓,两侧起到支撑作用的结构被称为"立柱或留柱",中间起连接作用的横向结构被称为"横缘",利用竹片竹穗形成的遮挡结构被称为"组子"。纵向与横向的竹子组成了竹篱笆的基本结构。竹篱笆常出现在庭园道路的两侧,质朴传统的制作工艺在庭园中被广泛使用并形成不同形制的技术保留下来,成为庭园中表现景色的重要媒介。

依据竹篱笆的组合形式的不同,竹篱笆可以有较多的类型。这里以"缝隙状、竹穗编织、立墙状"作为典型举例。

（一）竹篱笆的组合方式

（1）缝隙状篱笆 类似于栅栏的形式,高度较低。因为缝隙的透出形状,路边的花草可以从篱笆钻出来,形成自然的效果,最常见的缝隙状篱笆采用菱形的构成形式（图3-29）。

（2）竹穗编织状篱笆 利用较薄的竹片条甚至竹穗,采用交叉组合的受力方式组成篱笆的形状,编织状的篱笆一般不会太高（图3-30）。

图 3-29 缝隙状的篱笆形成的护路边界　　图 3-30 竹穗编织形成的护路边界

（3）立墙状篱笆　高度较高，如果不做矮墙或墙面，可以考虑立墙状篱笆，不过在制作中要加入结实的竹制主干横杆，形成耐用的篱笆墙（图3-31、图3-32）。

（二）基本构造

根据竹篱笆的长度确定立柱的间距大小，立柱间距在0.9~1.8米间不等，中间插入竹制的横条即成为篱笆隔墙的基本骨架。制作骨架后需要增加中间的隔离或密闭式的护栏。护栏的制作材料可以是竹条或者竹穗，纵向与菱形捆扎方式为常见形态，通常出于坚固考虑还增加压边与横条加固。

（1）立墙状的篱笆结构　用较粗的竹筒形成主体立柱，也可考虑用木桩。在固定前需要在地面上开挖间距均等的浅坑，目的是固定支撑的立桩，立柱竹筒应深入固定浅坑至少20厘米，安装后用提前备好的木棍夯实压紧坑内基础。中间的横缘需要根据篱笆的高度而定，当竹篱高度较高时，必须增加横缘的数量以保证稳定。立柱的竹筒最好表面经过碳化处理，剩下的步骤是固定竹条细支，一般常用套索捆绑（图3-33、图3-34）。

（2）竹穗编织状的篱笆结构　竹穗的编织可放在另一场地制作，立柱的高度依据篱笆高度而确定，因为竹穗较柔软，在编织成型时需要加密制作（图3-35、图3-36）。

图3-31　室外立墙状的护路篱笆（摄影：李玉鹏）

图3-32　室内的护墙篱笆（摄影：李玉鹏）

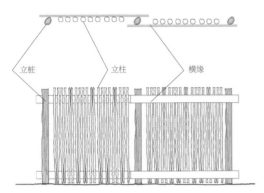

图 3-33　立墙状的篱笆结构示意图

图 3-34　立墙状的篱笆

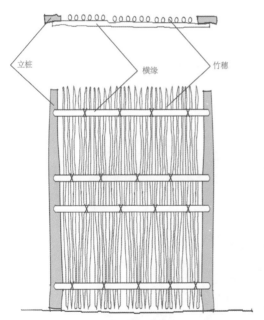

图 3-35　竹穗编织状的篱笆结构示意图

图 3-36　竹穗编织状的篱笆
（摄影：李玉鹏）

（3）缝隙状篱笆构造 用较粗的竹竿形成主体立柱。主体立柱要深入两侧路面坑中，并保证着力稳定，上下固定压边竹条使竹条形成菱形或方形的透空，如有需要，主边条可以用绳子捆扎（图 3-37、图 3-38）。

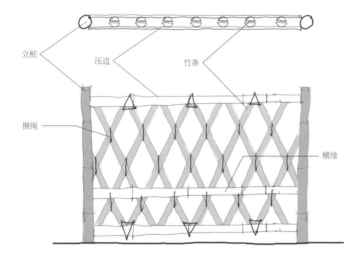

图 3-37
缝隙状篱笆结构
示意图

立桩

压边

竹条

捆绳

横缘

图 3-38
缝隙状篱笆

五、废枕木铺设地面

　　庭园的路面或空地，常用废弃的枕木铺设（图 3-39）。枕木铺设的路面质感厚重，抗腐蚀性也较强。废枕木铺地的方式可分为两类，一类是结合石材与枕木拼合铺地，另一类是使用油浸的枕木直接铺地，两种方式的使用要考虑庭园内具体面积。如果条件许可，组合的枕木铺地是较好的办法。枕木在铺装过程中对地面的基础要求较高。通常情况下需要在地面做好铺装的基础，下一步利用水泥砂浆粘结牢固，后续工作则需要在安装中加入个人喜欢的铺装细节，比如枕木的缝隙嵌入石块或嵌入草皮，具体的铺装过程如图 3-40 所示。

图 3-39　枕木形成的路面

1 - 5
1. 找一块合适的场地
2. 用直角尺与水平尺确定边料的垂直边料最好下入预先开挖的浅坑，保证铺装完成后地面抬起不至于过高
3. 再下一根边料圈地，形成准确铺地面积
4. 自攻螺钉固定料口
5. 地面垫土回填并进行简单的夯实

6 - 8
6. 将备好的废弃枕木依据大小组合进行排列，这样做的目的是保证枕木铺装的效果，防锈漆涂刷枕木表面，能保证使用的时间更长
7. 橡皮锤固定场内收口的边料
8. 相同方式固定，不至于全部铺满，留出间隙铺地效果更好，结束后用脚踩实

9 - 14
9. 用灰瓦刀将稀释的水泥砂浆填缝抹平
10. 趁砂浆没有完全干透，撒上打碎的玉瓒石或彩色的小颗砾石
11. 用灰瓦刀按压找平
12. 将打碎的玉瓒石砾石用灰瓦刀压入水泥砂浆
13. 约一小时后，趁砂浆没有完全干透，用小水流或湿海绵轻轻擦去表面砂浆，玉瓒石会露出水洗的效果
14. 等砂浆完全干透（5小时候后），用湿海绵清扫表面，废枕木的地面铺装结束

图 3-40 枕木与地面水洗石子混合铺装地面

第四章 水景的建造

第一节 水景建造理论

一、传统园林的水景

过往的园林水景，前人称之为"理水"，是处理园林中各项水系的意思，自汉代以来中国的园林就是以水景为中心建设的，并希望借助水路达到环抱萦绕的景观氛围。在传统布局中，园林水景指的是模拟自然界河流湖泊的样式形成的水池、泉水、小溪、山涧等不同的流水形式，在多样的表现中水池景观成为传统园林的底色，清晰明朗的水景带给人自然舒适的感受。

庭园水景的布局具有非常强的灵活性，在建造时将自然环境中的溪流跌水等形式浓缩在庭园内加以体现，这被称为"巧于因借"[⊖]，园子内水景能起到组织游路、疏导空间变化的作用，更能在游览中增强导向性与游览的兴趣，在传统园林内水景还是寓意美好的载体，"一池三山"就是常见的布局形式，这样的布局可以使空旷的水面变得丰富起来（图4-1）。

在庭园造景时，借用大小不等的置石摆放在细砂地面，体现出"一池三山"景观氛围（图4-2）。

过去园林大都建在河网密集的地方，内园的水池与外园的河流连接在一起，水景出现在庭园的中央，建筑散布在周边形成环抱的氛围，

⊖ 出自造园名著《园冶》，通常用于形容园艺设计的手法高超，虽然是由人工制作出来的，但却像是由天上的神仙开凿出来的一样，巧妙之处就在于因形就势自然顺畅，精致之处在于形状适宜，大小得体。

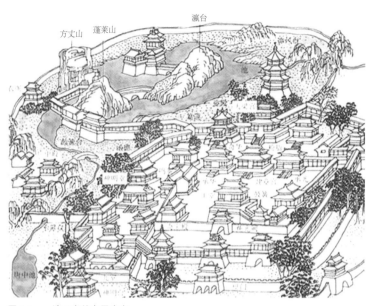

图 4-1　一池三山的布局意向

一池三山源自中国古代对仙境的描述，在皇家园林中得以继承和发展。"一池"是太液池，"三山"指神话中东海里的蓬莱、方丈、瀛洲三座仙山。一池三山寓意悠然惬意的神仙境界及长生的美好愿景

图 4-2　现代庭园的一池三山的景观表现

这样的水池就具备了蓄水的作用，同时形成能调节湿度的小气候。传统园林的水景是在模拟自然的基础上，在庭园内表现出较高的艺术形态。例如在日本庭园，水景被称为"池泉"，它发源自森林的深处，通过蜿蜒的水路进入庭园并流入大海，最后发展到利用石子模拟河水涟漪的气势，形成抽象的枯水效果。在自然化的庭园内，平静的水面营造寂静深远的氛围，在倒影中体现建筑物的秀美，或形成山涧，或成为自然化的瀑布。但不论哪一种表现形式，水景都是构成庭园的重要表现环节，传统庭园的水景常见三种表现形式（图4-3、图4-4）。

(1) 掩映关系 园内的水景及水面围绕池岸和绿化，将建筑物局部遮挡，形成靠近水岸的掩映关系。利用悬挑的结构形成亭、阁、榭、廊，池水从建筑下穿过，用以改变视野的单一，或布局在建筑之中，或种植莲藕蒲苇形成池水无边的效果。

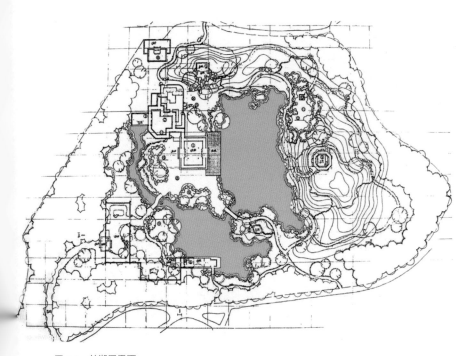

图 4-3 梦湖园平面
梦湖园水景位于园中央，建筑呈聚合布局，不同体量的构筑物掩映在水池景之间

（2）隔断关系　利用堤坝或桥面形成池水界限。在桥的使用中，大小不同的水面被分割成不同的空间，增强了游览者的距离认识，在快速通过的桥面中，使用跳步石增加了桥面隔断的趣味性和池水的空间层次。

（3）打破关系　在园内面积有限的情况下，水景会将局促的空间感打破，江南园林内会利用叠石人为把水抬高形成类似山涧的水景，同时结合叠石假山形成山水交错的趣味环境。

受到传统造园理念影响的当代庭园，也是以水景为主题，考虑面积的因素池水都不是很大，在有条件的庭园中，配有水池或者小溪流，水岸的边缘再配以假山叠石，池中养鱼，还可以营造出涌泉，小瀑布等。面积较大的庭园形成的池水一般考虑与植物共同造景，往往采用改善气候的技术手段，现在常见的技术有将雨水净化收集到池塘形成水体，采用灌木遮阴来减少水体蒸发等，这样的池水形式更像是在自然环境出现的生动水面。

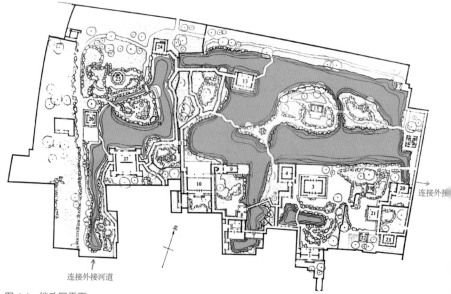

图 4-4　拙政园平面

拙政园水面与外河相连蜿蜒进入园林内，池水曲折诗情画意，水路关系打破了建筑布局的呆板

面积较小的庭园内,水景出现在草坪中央或墙角的转折处,结合水景小品来体现,形成组合关系,如水景缸、喷泉等。小水景点缀在花草树木中形成趣味的景观环境,这些庭园水景展现在人们眼前,活跃了空间氛围。庭园水景小品的主要形式包含:

(1)庭园屋角池塘 位于屋角处或者园子的中央,与植物搭配效果清新(图4-5~图4-7)。

(2)溪流小型瀑布 将给水设备提前安排在内,结合叠石形成不同流速的小型流水瀑布(图4-8)。

(3)庭园内饮水型小品 常见的给草坪补水的水龙头或者提供饮用水的水景小品,在日式的庭园内常结合逐鹿和筧来体现(图4-9)。

(4)屋檐下的水景小品 在屋檐转角或者外墙的排水管处,利用雨水滴漏的水线形成的水景。雨天时可将雨水简单净化并形成二次浇灌用水,晴天时可形成水盆植物等景观效果(图4-10)。

现代的庭园水景是将传统清秀灵动的水池结合现代技术体现在庭园内,且更具有情调(图4-5)。

图4-5 隐藏的庭园水景
将水池景放置在庭园的露台花丛一角,有效地利用空间

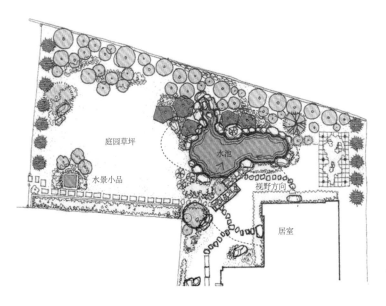

庭园草坪

水池

水景小品

视野方向

居室

图 4-6
水景置于
园内中央

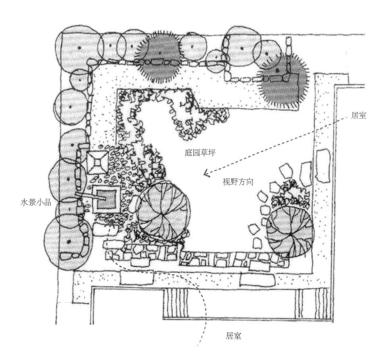

居室

庭园草坪

视野方向

水景小品

居室

图 4-7
水景放在
庭园屋角
的尽端

图 4-8　小型瀑布形成的庭园水景

图 4-9　庭园内饮水的设备

图 4-10　屋檐下的水景通过渗水的河卵石铺装体现

二、水塘构造

技术较落后的时代，用碎石黏土压实的办法建造庭园中的水塘，比如我们常提到的传统庭园，当时的匠人在自然河道周边开挖人工河道，以形成小面积的庭园水塘。先将池底挖深再填充将近半米深的碎石和黏土，目的是防止引用的河水下渗到池底，这会投入大量的人力。而现在的水塘建造较以往方便很多，主要利用碎石、混凝土、防水布等解决池水下渗的问题，根据面积及深度要求下挖池体，可深可浅，为保持水体清澈，往往会建造排水暗沟或内置循环泵等设施，水塘四周放置大小不同的置石，利用花草遮挡形成漂亮的水面景色（图4-11、图4-12）。如果面积较大的庭园水塘需要保持景观效果，则必须与外界河道相连，考虑安全的因素应增加局部的边界处理加以控制（图4-13~图4-16）。

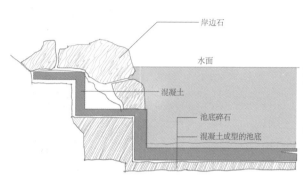

图 4-11 混凝土形成的池底结构局部断面图

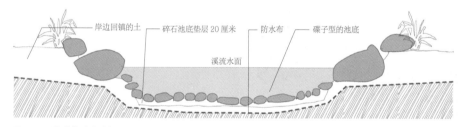

图 4-12 浅碟状池底断面图
浅碟状的池底结构，考虑庭园内使用需做防水下渗的底层并布局周边河道绿化

图 4-13 退台式水景的边界处理效果

图 4-14 混凝土与钢材质形成的现代水景

图 4-15　庭园内浅碟状溪流

图 4-16　利用栏坝设备的庭园水景

第二节　水景处理重点

一、水钵的建造

　　水钵是茶道用具的一种，用来储水以备烹茶使用，大小相当于一个大型的花盆，款式也有很多（图 4-17）。水钵在日式园林中是独特的净手用具，大致的用途是供客人在参拜前净手、漱口之用，为增加使用之趣，后来在庭园中又出现放置灯具和汤桶用具的水钵（图 4-18）。因为人洗手时习惯下蹲，水钵也被称为"蹲踞"。

　　现在的水钵常与植物造景一起组成庭园中别致的小景，水钵大体分为天然与成品加工两类。天然类型是将石材略微加工雕琢制成，利用石材的天然美感形成水钵，成品类则需要人为选择与简易加工，或是利用废置的碾盘和饲料槽等，二者的选择因人而异，但主要根据使用者的审美及院落面积决定其具体形态（图 4-19、图 4-20）。

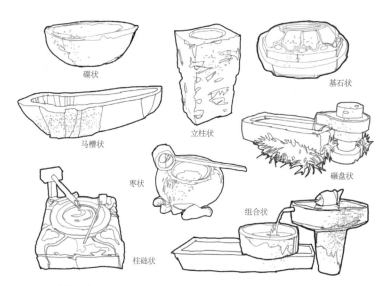

碟状

基石状

马槽状

立柱状

枣状

碾盘状

柱础状

组合状

图 4-17　水钵的类型图示图

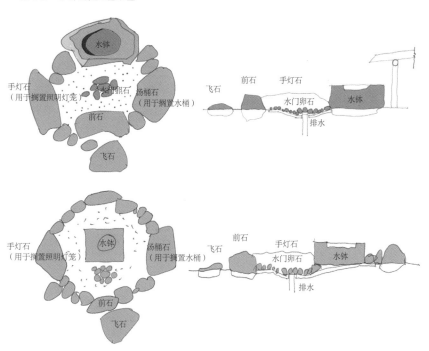

手灯石
（用于搁置照明灯笼）

水钵

水门卵石

汤桶石
（用于搁置水桶）

前石

飞石

飞石

前石

手灯石

水门卵石

水钵

排水

手灯石
（用于搁置照明灯笼）

水钵

汤桶石
（用于搁置水桶）

前石

飞石

飞石

前石

手灯石

水门卵石

水钵

排水

图 4-18　水钵的平面与断面结构示意图

图 4-19　左右置石用以放置手灯水桶等用具
（摄影：李玉鹏）

图 4-20　水钵溪流的成景效果
（摄影：李玉鹏）

二、逐鹿与筧

逐鹿是一个有趣的竹质小品，类似于田地中稻草人的作用。逐鹿利用了杠杆平衡原理，通过装满水的竹筒撞击石块产生的声响来驱逐野兽，在安静的庭园内，往复循环的"咚咚"敲击声使庭园的氛围更加迷人（图 4-21）。为保持水质的清澈出现了筧，这是利用空竹筒制成引水管定时往水钵中注入清水的设备（图 4-22），在漂亮的庭园中，这潺潺的水声成为别致的风景（图 4-23）。

逐鹿与筧在庭园布局时要考虑给水与排水的问题，比较常用的方式是利用暗藏于地下的水管给水，所以在建造时需要提前制作暗沟或者将水管放置在草丛中加以遮挡，暗沟的深度在 10 厘米上下，上水的方向与室内的供水方向一致，通常为保证安全，需要设置止水开关阀门。逐鹿的池底通常放置石块，在日本的庭园中，这样的置石会根据放置的物品去命名，比如汤桶石、灯石等，池底常摆放小的卵石或者砾石以防流水溅出过多（图 4-24）。

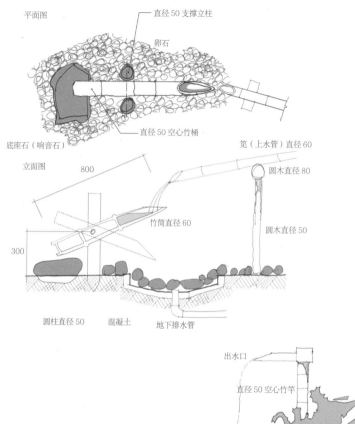

平面图

直径 50 支撑立柱

卵石

直径 50 空心竹桶

底座石（响音石）

笕（上水管）直径 60

立面图　　800

圆木直径 80

竹筒直径 60

圆木直径 50

300

圆柱直径 50　　混凝土　　地下排水管

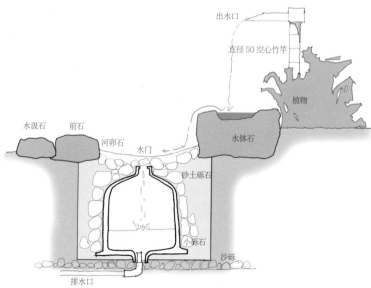

出水口

直径 50 空心竹竿

植物

水汲石　前石

河卵石　水门

水钵石

砂土砾石

小砾石

沙砾

排水口

图 4-21　逐鹿与笕结构示意图

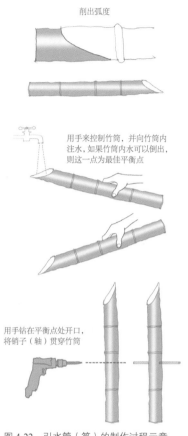

削出弧度

用手来控制竹筒，并向竹筒内
注水，如果竹筒内水可以倒出，
则这一点为最佳平衡点

用手钻在平衡点处开口，
将销子（轴）贯穿竹筒

图 4-22　引水管（笕）的制作过程示意

图 4-23　笕与水钵

图 4-24　逐鹿

三、小型跌水

　　庭园中溪流与小型瀑布普遍被称为小型跌水，建成后常出现在庭园视野的中心位置，也可考虑置于树丛的遮阴处，让它在小路的引导下更显趣味。建造小型跌水是人为地模仿自然溪流，因为水的流动特征使其成为人们放松身心的景观形式，为了保持水质清澈，人们常利用泵体设备保证水的循环。跌水瀑布按照形式分为阶梯形、水幕、丝带溪流等，用天然的石头设置背景引导跌水的方向。人工形成的跌水会因为水量大小产生不同的效果，听觉声响也不同，因此落水口及落水高差是设计的关键，一般庭园内无特殊要求，落差保证在 1 米以内。

如果要形成跌水的溪流，设计时要考虑到游人是否进入，涉水的溪流深度不宜大于 0.3 米以防止产生意外，并在池底做防滑处理，比如将石子铺在池底。小型跌水还应根据园内条件和排水需求而定，普通的跌水坡度为 0.5%，急流处不超过 3%，缓流处不超过 1%，宽度在 1.5 米左右，水深不超过 0.3 米，同时在溪流两侧设置明确的护栏或障碍性石组，常见庭园溪水构造如图 4-25 所示。

在庭园中利用自上而下的地势建造人工溪流，现在常利用混凝土及防水布技术保证防渗，出水与上水设备采用潜水泵与循环软管加以解决。

小型跌水的施工过程如图 4-26 所示：

1）人工开挖溪水基槽时，尽可能严格按测量放线位置进行开挖，放线根据庭园面积而定，面积条件较好情况下，尽可能采用弯曲的溪水走势。

2）根据跌水位置和高度控制放线，然后按放线开挖跌水基槽，开挖基槽后重新对基槽平面位置、标高进行定位，并核对步级，正常情况下是由高到低。

3）溪流跌水的基础槽需要水泥砂浆做固化并在池内做防水处理，也可用防水布进行处理。

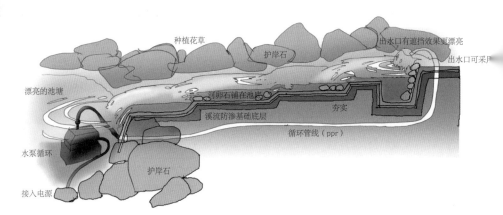

图 4-25　庭园溪水构造图

(1) 材料：砾石碎块（注意砾石选择地面稍平的砾石）、河卵石、防水布及水泵管线等

(2) 开挖方形沉水池（0.6米深）及水泵回路槽（0.2米深）翻土后置形成小高差

(3) 人力将沉水池底部夯实

(4) 在沉水池内放置成品塑料水箱（PE 材料，建材市场有售）塑料水箱内放置潜水泵，并回填压实（沉水池也可用红砖水泥砌筑）

(5) 顺地形的起伏铺防水布，注意用黏合剂粘牢

(6) 在防水布上堆土，沙土回填需将防水布深埋并压实。在水箱内注入水，采用成品出水口（PE 材质）连接水泵管线。摆放砾石注意由高至低，先大后小。注意砾石底部要平整，并用卵石填充缝隙，这一步骤依据个人的喜好来安排

(7) 在砾石缝隙布置防水照明灯具，这样夜间的水景效果更漂亮，利用硅胶固定密封出水口的衔接处，并在卵石上浇水清洁

(8) 用沉木巧妙遮挡出水口，效果更加自然。利用苔藓及草花植物布置出小型的绿化效果，植物选择要根据实地的情况

图 4-26　跌水溪流的建造过程

沉水池设备为地埋式过滤器，同时还因溪流面积大小考虑潜水泵及循环用管线，以方便溪水的循环使用，建成效果如下（图4-27）。

四、生态池塘

池塘适合面积较大的园子，建造也比较简单（图4-28、图4-29），出现在庭园的中央会形成漂亮的景观效果，此外也可放在院子矮墙的转角，这样会形成隐藏的水景。生态池塘是适合鱼类及植物欣赏的水景环境，在庭园内多用于饲养观赏鱼和水生植物，比如锦鲤、荷花、芦苇等，鱼草的共生环境能达到互养的组合关系。生态池塘水深应根据观赏鱼的种类、数量及水草在水下所需深度而定，常见深度在0.5~1米内，为防止其他陆地动物的侵扰，池边与水面需保留15厘米的高差。在加固池塘的边缘时，通常采用砖石砌筑与缓坡置石两种方法，砖石砌筑是利用红砖或防火砖砌筑边界，结合基础边沟制作而成。

生态化的池塘建造处理的重点：

（1）自然护岸置石　护岸置石应多选择天然的石料组合，考虑在岸边坐倚因素，需要选择有较大平面的石料与小石料组合。

图 4-27　跌水溪流建成后效果

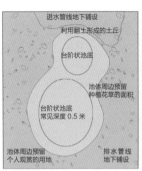
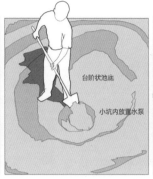

第一步骤

1. 根据面积大小，用白色喷漆画出池型的范围
2. 池底挖出台阶状，以便后续种植造型
3. 池底修正完后还需整理个小坑以便放置水泵，并保证水泵在池内的最低点，以方便池水最大化的循环过滤
4. 池底需夯压打实
5. 在池体上铺设防水布（防渗膜）
备注：开挖前应提前铺设进水管与排水管线，常见利用 PPA 塑料管

第二步骤

1. 用细沙及小的卵石覆盖防水布（尽可能不留死角）
2. 在池体周边布置河卵石或大砾石（注意沿着开挖好的台阶布置）
3. 池体周边应预留种植花草的位置，并考虑回填种植土界限

第三步骤

1. 进水管线连接过滤箱（出水）
2. 向池子内注水，循环几次水就会清澈
3. 布置池内的植物，考虑夏季蚊虫因素，应在池内养鱼
4. 摆放小的卵石，圈定种植种类及范围

图 4-28 生态池塘建造过程

图 4-29 池塘建成后效果

（2）**自然护岸的绿化** 适合本地生长是最为重要的考虑因素。水岸边缘的植被可分为岸边与水生两种类型，岸边的植被在处理上需要考虑阳光遮蔽的因素，可以选择耐阴性的花草。岸边的植物选择低矮的花灌木及当年生花草，不至于遮挡岸边的视线，水生植物主要是指探出水面的立杆植物与漂浮水面的植物。立杆的植物在叶、形、花上有很多的选择，管理也方便，比如菖蒲、芦苇、水葱、再力花等；水面漂浮的植物最常见的是莲、荷等。护岸的植物除生长习性外，还要在高低疏密上布局，形成自然过渡让环境更加宜人（图 4-30、图 4-31）。

夏季的池塘易招蚊虫，减少蚊虫的问题首先要保证水质清澈，植物需要整理不至于过紧密，其次种植芳香植物，比如七里香、丁香、艾草等。这些植物的驱蚊效果都比较明显，最后是池塘内养鱼，鱼的存在能有效保证蚊虫卵不至于过多。

（3）**排水与水质** 池塘流动性差，水质容易发生变质。在不伤害鱼草的情况下对水质进行消毒，可以投放适量的生

图 4-30　鸢尾形成的池塘边缘

图 4-31　芦苇形成的池塘边缘

物性净水剂，这是微生物发酵形成的，可以分解掉水中的有毒成分。如果池塘的面积够大也可以增加水质循环过滤装置，通过过滤将水重新循环，并将滤掉的杂质通过暗沟排走，这些过滤处理会使池塘保持水质清澈的效果。水池边缘的植物也会起到过滤水质的作用，比如菖蒲、浮萍等植物不仅美观，还可以吸附降解水中氮磷及重金属成分，以上的方法可以结合使用，目的是使池塘水质洁净。

　　（4）池中养鱼　池中鱼过冬，池塘必须有相应的深度，北方冬季室外温度在 –10℃ 上下，水深需保证在 0.8 米左右，这样使水中有足够的氧气保证鱼的存活，同时结冰厚度不至过厚。要解决鱼的冬季过冬问题，布局应选择背风向阳处，在冬季有足够的日照保持水温。结冰前可放置水草供鱼休息，如遇到冰封情况，及时破冰增加透气，以免鱼类窒息。在北方户外使观赏鱼过冬的保险办法只有在水池中增加调温设备或加建暖棚，名贵品种的鱼类尽量养于室内水箱中，以免损失。

五、小型水景

小型水景非常适合出现在面积不大的庭园内，小型水景的优点很明显，占地小而且看起来生动，同时在气候变化时搬运也较容易（图4-32），以下以小型水景缸的制作举例（图4-33）：

1）开挖储水用的基础：挖一个方形浅坑来容纳储水盆，深50厘米，在底部撒细沙作缓冲，然后把储水盆放进坑底，顶部略高于地面，灌2/3的水，储水盆是塑料材质或玻璃钢材质，也可以购买成品。

2）将格栅放在储水盆的内部壁架上。

3）在缸的底部钻一个一寸的孔，用事先备好的水管串联缸的底孔，这样水会在储水盆与缸内循环流动。

4）放置循环泵：先在栅格中心切割一个孔，将水管穿过栅格的孔和筛网，将水景缸竖立在栅格上，然后将水管连接到水泵的倒钩上，把水泵放在储水盆内。

图4-32 不同形状的缸体

5）用水填满水景缸，用石块或卵石填充栅格挡住水泵，形成自然得体的效果。

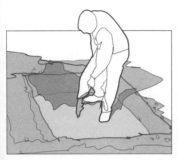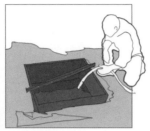

开挖能容下水罐的土坑，深度保证为0.5米。在坑底用细沙做垫层，将储水盆（塑料品）放进坑里。水盆顶部应与周围土层持平或略高，而且一定要放平，往池内加入2/3的水。池底预留一个可控制的排水口，保证及时换水

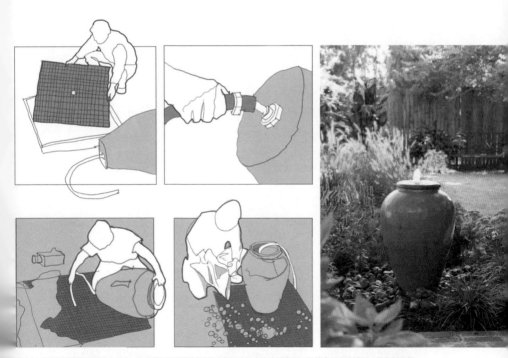

将金属或硬塑料格栅铺到储水盆上。竖铜管下端用塑料质的水箱接头固定在水罐底部，铜管上端直达罐口。将塑料水管的另一端固定在水泵上，所有设备连接好后，在格栅上铺设些漂亮的鹅卵石，用细沙将鹅卵石缝隙填好，周边布置花草，接通电源。漂亮的水景就建成了

图4-33　小型水景缸制作过程

六、雨水花园

雨水花园是指借用雨水集散形成的花池，就像海绵吸附水一样，能够保持浇灌用水的持续性（图4-34）。将自然降水和空调的冷化水收集形成浇灌水，这是一种有趣的建造技术，可用它制作花园水景甚至个人的蔬菜地。园子内雨水花园会成为降水的蓄水区，是自然形成或人工挖掘的浅凹绿地，由树皮或植被作为覆盖，具有蓄水、净水和收集雨水的功能。这种技术能减少地表径流、雨水污染，实现水的循环利用，是一种可持续的雨水控制和雨水利用设施。雨水花园主要应用于庭园内的种植绿地，在降雨天气可以有效地缓解庭园积水的压力（图4-35、图4-36）。

（一）雨水花园的应用

（1）屋顶花园 可以将雨水花园的技术应用到屋顶花园中。屋顶的雨水污染程度小，雨水收集结构相对简单，管理成本低，为雨水收集提供了便利条件，屋顶花园与绿地雨水收集结构主要包括种植层、过滤层、排水层、防水层、保温层、找平层和屋面结构层。屋顶的雨水收集主要是通过雨水管流入滤水池，无须重新设置其他雨水收集设施。滤水

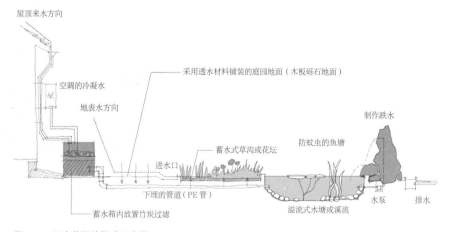

图4-34 雨水花园的构造示意图

图 4-35 利用河道形成的雨水花园场景　　图 4-36 雨水花园式庭园水景

池要做好防水处理，避免破坏建筑结构，滤水池池内一般铺设卵石并种植植物，以过滤水中杂质，当滤水池的水超过其自身容量时，雨水会流入屋顶的绿地。

（2）绿地　雨水花园中的下凹式绿地对雨水具有较好的截流作用，是一种减少雨水径流量的措施，当绿地低于路面标高时，下凹50~100毫米渗水效果最佳。下凹式绿地宜布置在建筑物、道路等不透水路面的周边，一般建于汇水面的低地势处，雨水自然漫流到绿地通往蓄水池，降低排水管道等设施的建造费用，暴雨时蓄水池将多余的水排向市政管道。下凹式绿地是由耐湿植物、蓄水层、覆盖层、填料层、砾石层所组成。降雨时，地面径流先流向地势低的绿地，绿地发挥向下渗入的功能，同时对雨水进行截留和净化，亦可铺设卵石利于下渗。

（二）雨水花园的建造

1）屋顶的雨水及室外空调冷凝水是水的主要的来源。屋顶雨水经过墙壁的落水管进入预先制作的集水槽，集水槽可用镀锌钢板来制作，没有条件可用废弃的浴缸代替，目的是使雨水经过墙壁外的落水管排进集水槽，形成雨水滞留的效果。

2）制作经防腐处理的木桶，木桶底预留出水口，形成雨水的过滤桶，过滤桶内放入细砾石与粗碳粒对雨水进行过滤净化，达到灌溉花草的水质要求。经过过滤的雨水从过滤桶出水口排出渗入花池，当雨水量过大时溢出的雨水会在花池内自行沉降。

3）在庭园内开挖适宜面积的下沉式花草池，深度在 0.5 米左右，并用细砾石与河卵石垫底。坑底预留排水管线或暗沟，保证过量的雨水能快速排出园外，不至于形成内涝积水。此外在降水过少的情况下，池底的细砾石能保持种植土的湿度避免土质硬化，影响到花草的生长状态。

4）在下沉花草池周边搭建木质的露台与边界矮墙，方便观赏且使用安全。露台可形成回廊式样，宽度尺寸依据庭园的实际面积确定。

5）在开挖好的花草池内种植植物，需考虑耐阴耐湿的植物。比如种植蒲苇、细叶芒、鸢尾等植物。

简易雨水花园的建造过程如图 4-37 所示，建成效果如图 4-38 所示。

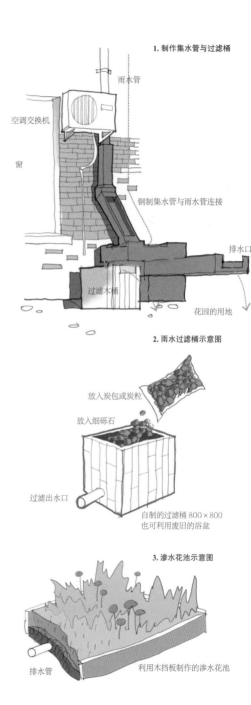

1. 制作集水管与过滤桶

雨水管

空调交换机

窗

钢制集水管与雨水管连接

排水口

过滤木桶

花园的用地

2. 雨水过滤桶示意图

放入炭包或炭粒

放入细砾石

过滤出水口

自制的过滤桶 800×800 也可利用废旧的浴盆

3. 渗水花池示意图

排水管

利用木挡板制作的渗水花池

废旧澡盆制成的
储水池

下挖 0.5 米的种植坑
砾石夯实垫底，坑底
预留排水管线

在院子内局部开挖种植坑，保证水能够经过木桶过滤渗入到种植坑

花园 0.5 米高矮墙

0.5 米深的砾石沙坑

木制地面

大块踏石

预留排水管

利用石头制成的
石头矮墙

建设过程

排水方向

预留出水口

利用废木板制作
的花坛挡板

种植花草

渗水的方向

砾子沙坑

木制平台

完成的雨水花园

图 4-37　简易雨水花园的建造过程

图 4-38　雨水花园完成的效果

（三）雨水花园的植物选择

雨水花园中的植物可以吸收和净化污染物，即生长旺盛又耐干旱耐水湿，去污效果强，对土壤中氮、磷的去除及重金属吸收有一定效果的植物有美人蕉、芦苇、凤眼莲、风车草、香根草等；雨水花园在植物选择时应注意不同植物类型在旱季和雨季的合理搭配，雨水花园除了具有蓄水、净水的功能外，还具有一定的观赏价值，依照植物的色彩与形态的季节性来选择（图 4-39~ 图 4-41），主要植物分类：

1）乔木类：庭园内适合彩叶且高度不高的红枫、樟树等。

2）灌木类：净化空气的夹竹桃、金边黄杨、金叶女贞、南天竹、木槿、杜鹃、海棠、紫薇、龙爪槐等花冠木。

3）草本类：美人蕉、细叶芒等。

4）水生植物：慈姑、芦苇等。

5）草本植物：麦冬、玉带草等。

较为多用的雨水花园植物可考虑叶片看起来自然质朴的观赏草，比如狼尾草、叶芒、菖蒲、燕麦草等，观赏草的花期一般在初夏季节，布局时可丛植片植，同时栽种些花形优美植物例如萱草、石竹、鸢尾等效果更佳（图 4-42）。

图 4-39　雨水花园植物组合的效果

图 4-40　铺地柏形成的雨水花园边界

图 4-41　芦苇形成的雨水花园边界

狼尾草

叶芒

燕麦草

黄菖蒲

石竹

百合萱草

鸢尾

慈姑

图 4-42　雨水花园中的常见花草

第五章 细节的建造

第一节 起伏的地形

一、利用护坡形成地形

庭园中完全水平是不现实的，利用手边的工具适当处理地形会达到较好的视觉效果。地形高差分为两种，一种是庭园本身就存在的落差，如由于地貌形成的起伏关系，通常山地私家庭园会出现很大的高低落差，或者由于建筑主体的关系形成落差，较常出现在下沉式庭园空间；另一种是有意识地人为建造地形，常见的是为了营造不同功能区域之间的过渡与变化而形成的，比如抬高局部地面形成的木制地面台面。在处理庭园环境时，地形高差的整理是整个庭园设计的精华。如果有条件，在地形的自然变化中模仿起伏的山地，以地形起伏形成可利用的面积为最佳，同时也降低了造价。

庭园地形的变化主要以台阶、矮墙和梯段后退的方式进行过渡。利用台阶解决高差是非常实用的方法，台阶可以是规则的，也可以是自然形式的，将自然式的台阶与草坪交融，既可满足庭园景观的需要，又能给人安逸闲适的感觉。利用矮墙来分隔空间，达到解决高差的目的，这种手法适用于私家庭园中面积相对较大的空间，要使分隔后的空间不至于拥挤，材质与形式的选择也比较多样，根据面积可尽情发挥。这种形式可以消除高差带来的落差感，使不同空间表达不同的趣味，在私家庭园景观设计中，结合建筑利用下沉式空间丰富整个庭园的地形关系是非常常见的。

庭园的地形处理需要考虑地面的排水问题，如利用小型的排水槽将雨水导出园子外，需要将庭园内坡地与低洼处统一考虑，找到园子

内与墙外的低洼汇集点，利
用引水的方式将高处坡地的
水流引到排水处。相对较大
的庭园应先从庭园内护坡建
造开始，利用石头砌成护坡
是最简易的办法，如图 5-1
所示。庭园空间中，地形相
对平整时，在空间充足的情
况下一般会以微地形抬高等
设计方式增加空间层次感，
这样的处理方式有利于更好
地分割整体庭园功能区，丰
富庭园观景层次，达到理想
的庭园空间效果（图 5-2~
图 5-7）。

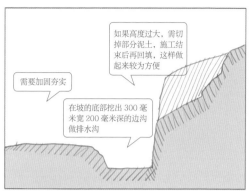

开挖护坡的断面

用石块砌的矮墙，需要用细线拉出标记，这样的矮墙护坡更加结实

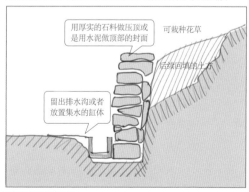

图 5-1 用砌石制作护坡挡墙示意图   石块砌成的护坡断面

图 5-2 毛石制作的边界

砌石形成的低矮护坡边界，适合出现在起伏不大的庭园花池

图 5-3 块石制作的挡土墙边界

块石形成的规整护坡边界，适合出现在地形起伏较大的庭园

图 5-4 木质挡土墙边界

用用圆木形成的护坡，下方为排水沟有利于将雨水排出

图 5-5 用木桩制作形成的简单坡地

图 5-6 用混凝土石料制作的坡地

图 5-7 用堆土后退方式形成的坡地效果

二、利用植物花草形成地形

要注意花草植物在地形处理中的作用，可利用地形的起伏关系形成台地以形成视线引导，巧妙地运用植物连接起不同环境，使地形过渡自然有趣（图5-8~图5-10）。高差的种植处理以自然花草为主，大多采用曲线形式，少用直线。在平面上，要注意花草地被的边缘线，保持线条简洁明快；大面积色块易形成视觉焦点；在布局上追求多重层次，是有效解决地形生硬的方式。

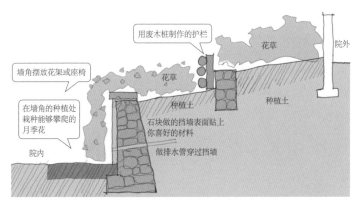

图 5-8　斜坡花草种植断面图

斜坡地形，下缘的挡墙为砌石筑成，花草可在分层的间隙中种植

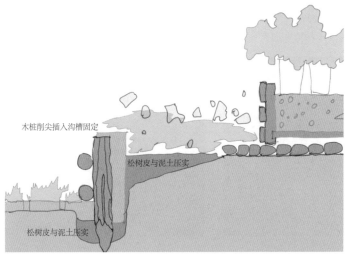

图 5-9　水平地形种植断面图

水平地形种植断面，最上缘用种植箱种植花草

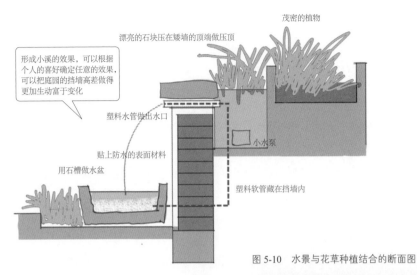

形成小溪的效果，可以根据个人的喜好确定任意的效果，可以把庭园的挡墙高差做得更加生动富于变化

茂密的植物

漂亮的石块压在矮墙的顶端做压顶

塑料水管做出水口

小水泵

贴上防水的表面材料

用石槽做水盆

塑料软管藏在挡墙内

图 5-10　水景与花草种植结合的断面图

一般以营造植物景观为基调，局部或可采用外地物种及不同的设计风格。植物整体上主要采用聚合的方法，构成大小不同的组群，不同的区域有不同的植物群，树种应根据当地的气候、土壤条件选择适合当地环境的、具有一定观赏特性的植物，这样的植物成活率高，既经济又有庭园特色。合理安排树种，不能太多，多则杂乱，一般选 2~3 种主体树种，选 3~4 种辅助树种。主体树常选用成荫面积大、易栽易活的乔木，如秋枫、小叶榕等。辅助树种一般采用丛植、群植等方式，不同的植物用不同的树种组合，树种不宜过多。在绿化立面上，护坡的灌木组合根据不同的环境来搭配，体现出层次感，观赏性的灌木宜与护坡组景，或是将乔灌木、花草设计形成错落的景观，利用植物形成的护坡如图 5-11 所示。

图 5-11　铺地柏形成的护坡

第二节　置石

一、传统园林中的置石

古人将自然环境中的山石、河滩石料当作上天赐予的礼物，在庭园中摆放的同时，将"寓情"的观念加入到普通的石料当中，这就是后人称谓的"石头的灵性"。这些质朴天然的特征决定了使用把玩的审美取向，现在的石料选择的途径更多，但重要的是传达心目中质朴的美感价值。中国传统园林崇尚自然，园林构成一般以山水为主，其他景物围绕山水来布局，因而置石是不可缺少的造园形式，置石组景不仅有独特的观赏价值，而且能陶冶情操，给人们无尽的联想空间。

庭园置石大都用以点缀庭园空间，以观赏为主，置石还具有挡土、护坡等实用功能，置石浓缩了山石的材质肌理和组合形态，而不是完整地体现山形。置石一般体量较小而且分散，庭园中容易实现，对单块山石的形态要求较高，通常以配景出现，是特殊的景观。置石能够用简单的形式体现较深的意境，达到"寸石生情"的效果，置石从摆放方式上看分为特置、散置和群置等形式。

（1）特置　在传统园林中称特置的石头为石峰，要求姿态漂亮，也有将好几块山石拼成一个特立石峰的处理方式，布局时一般不会超过两组。

（2）散置　散置又称为散点式，以石组衬托环境面貌，常用于山墙前、坡地上、桥头、路边，或点缀建筑，散置要做出聚散、主次、高低、曲折之分。

（3）群置　大面积的散点式为群置，置石材料的大小不一，而且置石的堆数也较多。在土质较好的地基上做置石，开浅槽夯实基础即可；土质差的则可用砖瓦夯实为底。群置山石的布置宜在林间空地或有树荫的地方，便于游人休息。

二、置石的安装

　　园子内的置石，大都是自然环境中的河滩石及山石，除那些名贵的石料外，园内的点缀置石没有绝对的好与坏，它主要为体现造园者的审美，只要适合庭园内的美景，这块石头就是有生命力的（图5-12）。庭园内的置石需要在合理的场地内安装，通常需要有较硬质的场地，没有的话需要制作一处容纳置石的浅坑，在安装时夯实并用简单的小石料填充找平，目的是摆放置石时更加稳定。后续需要在周边进行绿植美化，可在置石的周边及缝隙间种植攀藤花草或苔藓，如果需要置石的美感更加突出，在隐蔽处放置照明灯具也是较好的方式，点缀置石的安装过程如图5-13所示。

图 5-12　自然的山石与庭园内的置石对比（摄影：李玉鹏）

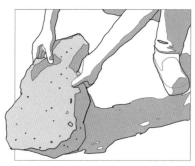

1. 选择一块你心目中的石头,注意大小要与庭园成比例,选择较平坦的一面落地,那些表面坑洼不平的石头可考虑做植物穴

2. 将石头摆放在预先挖好的浅坑内,目的是将石头扎根。如果石头体积较大,得动用大型的装吊设备

3. 做好的浅坑常需要夯实加固底层,如果石头底边落地不稳,需要在最下缘垫上石块

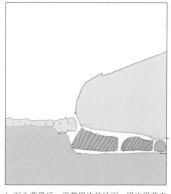

4. 石头落稳后,平整周边的地面,周边用草皮覆盖

5. 为了效果更好,在置石的后面种上花草,石头前面摆放小的灯具

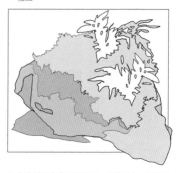

6. 考虑到石头表面有坑洼,少许覆土,栽种些苔藓类的植物会有更加漂亮的效果

图 5-13 置石的安装过程

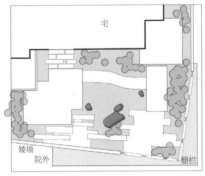

置石在园子中的平面位置 1
石头错落的组合形成了园子的可看"中心"。组合需考虑石头的大小与纹路，石头的后面栽植绿叶植物使层次感更强

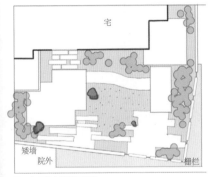

置石在园子中的平面位置 2
石头的摆放位置，提示前方有你最得意的草坪，需着重爱护

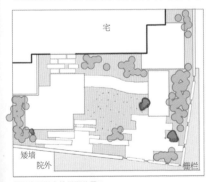

置石在园子中的平面位置 3
通常在园子矮墙的边缘放置石头，除了美观还在提示园子准确的界限并起过渡作用

图 5-14　置石在庭园中的作用

三、置石的布局方式与作用

　　小庭园内的置石，需要考虑庭园的面积与环境，因为大范围的置石方式不适于此，摆放方式没有绝对的方法。在小庭园中应该在意的是置石的质感、组合形式以及如何使园子更加质朴和谐，置石的布局意义主要为（图 5-14）：

　　（1）提示你"眼前的障碍"　摆放石组的高度比例都不是过大，石组的位置通常是在庭园内交叉路口或者水塘的边缘。提示的意义可以理解为最小的警示标志，只是形式用天然石替代，用作此处的置石要有最漂亮的形态，布局时需仔细地审视揣摩。

　　（2）遮挡和过渡　如果庭园内的背景过于高大，观者的比例又过小，要在庭园内保持形制的统一，最简单的方法是利用置石形成的组合过渡变化，比如石块形成的矮墙或者花圃，这些置石组合需要体量不至于过大，可以按照喜好组成遮挡或过渡等视觉关系。

　　（3）成为园子内的"中心"　独立的置石不仅有独特的观赏价值还可以成为整体环境的主题中心，它对单块山石的要求较高，是特殊的独立景观。独立的置石石料主要为太湖石，又名窟窿石、假山石；其次为泰山石，产于泰山山脉周边的溪流山谷，质地坚硬，基调沉稳、凝重、浑厚，多带有渗透、半渗透的纹理；黄石，与其他石材相比，黄石平正大方，主体感强，具有很强的光影效果。

四、置石的组合方式

置石的组合方式需要模拟山地石组的天然形态，前人在石料选择上尤为注重石头的形势，体现在每一块石头的花纹、大小、动势气场上（图5-15）。即使是同一块石头，不同的摆放方式也会形成不同的动势与气场，如不加注意则会给人不稳定的错觉。可借鉴园林置石的组合方式，单组或群组置石，每组分3、5、7块不等，从任何角度观看，总是只能看见奇数块的置石方式。三块石头组合，先确定起主景作用的石头，再加上第二块石头形成搭配，目的是协调高低错落，最后加入第三块石头以保证立面上的石头构图平衡。组合置石时要结合每一块石头的气势反复推敲，让置石在组合上相补，形成巧妙的搭配效果，再现自然山水之美，给人留下深刻的景观印象。

有向上的动势

平衡感

1. 独立放一块石头，石头向上的"走势"看起来"挺拔稳重"

2. 对置摆放两块石头看起来"对称"

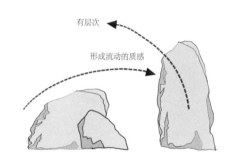

有层次

形成流动的质感

3. 零散的布置考虑单数的摆放组合，看起来有流动的气势

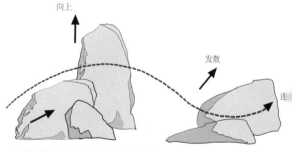

向上

发散

连

4. 群组的方式，注意聚散和连续性的美感

图5-15 置石的动势组合关系示意图

图 5-16　单组的石块摆放具有引导方向的作用
（摄影：李玉鹏）

图 5-17　二至三组石块组合形成的边界过渡
（摄影：李玉鹏）

常见的置石摆放方式：

（1）单独放置　选择形态优美的石头，可考虑肌理漂亮或造型的独特石头，需要独立一块时，要注意其大小比例及石头顶端的倾斜动势（图 5-16）。

（2）两组的组合　需要在前后位置上有高低对称的效果，仔细比较确定位置（图 5-17）。

（3）三组的组合　这是最佳效果，常见三五七奇数的组合。

（4）多组的组合　主要放置在水塘及墙角的边缘，多组放置时最主要的是注意高低错落，考虑三两成群及间距疏密（图 5-18）。

图 5-18　多组石头组合

多组石块明确种植环境的边界，尤为适合在庭园的道路两侧出现，大小组合中注意大组的石料可成为临时的坐具，摆放至道路缓步台面两侧

第三节　庭园的组合景

一、自己动手制作微景

　　动手制作的微景类似于过往的山石盆景，这里介绍的制作过程重在利用简易材料，主体是挤塑板或水泥材质，或者利用简单的反铸工艺制成。制作过程相对大型山石盆景更加有趣，所需工具也简单易操作，这里的绿化种植可用铜钱草或易成活的苔藓草覆盖，内部的种植土可用黏土与碳粒土混合，微景的制作过程如图 5-19 所示。

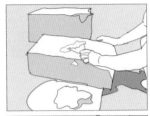

1. 泡沫砖叠加用带固化剂的强力胶粘牢

2. 用手电钻塑造大形

3. 开钻塑形

6. 在成形的"山体"上留出栽种植物的点位，栽植点放入陶粒细土，此位置种的是铜钱草，或者菖蒲草，其他造型可根据个人喜好局部修改

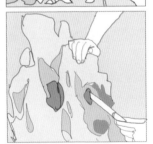

4. 用小刀刻画表面仿山石的细节，也可用牙刷、钢丝球塑形，注意留出种植槽的位置

5. 羊毛刷刷底漆防水，罩面刷水性色浆，干透用水冲洗

7.
1）利用木板制作大的托盘，尺寸根据"山石塑形"而定，底盘内做简单的防渗水
2）底盘内铺大小不等的砾石，并用发泡胶粘牢
3）搭配陶粒石、黑色泥炭土及表层土，覆盖在砾石表面，目的是保持托盘内吸水保湿
4）种植"水苔"或其他小植物
5）平时注意及时浇水保湿
6）形成漂亮的苔藓山石摆件

图 5-19 庭园微景的制作过程

垃圾堆中的废旧圆木，直径大小需挑选，找到圆木表面稍粗糙起伏的一面

保持好圆木的面貌

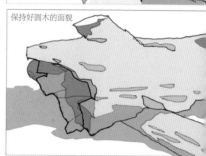

二、旧家具的组合景组装

将家具拆解组合装饰庭园，能收到意想不到的效果，使原有的家具用品焕发出新的生命，旧家具的组合景制作要用到如下设备：

1）直径较大的圆木桩，考虑到安装搬运周期，可临时在场外加工，如果废置的圆木桩腐蚀虫蛀严重，则需局部处理及防腐施工。

2）圆木如果找不到，可以用牲口饲料槽代替，目的是栽植草花。

3）废旧的五斗橱或自行车架及篮筐。

4）若干处理后的废木板简单搭建成孩子使用的滑梯。

5）苗圃中的花草及植物，如：盆景菊、油芒草等。

旧家具的组合景制作过程如图 5-20 所示。

利用旧的牲口饲料槽做前景花槽

图 5-20　旧家具的组合景制作过程图解

1. 用斧头在圆木表面做简单处理
2. 木头表面开槽做种植利用（深 20 厘米），宽度自定义
3. 保证圆木固有的形状
4. 利用废旧树干将大圆木槽架高
5. 也可利用常石槽代替

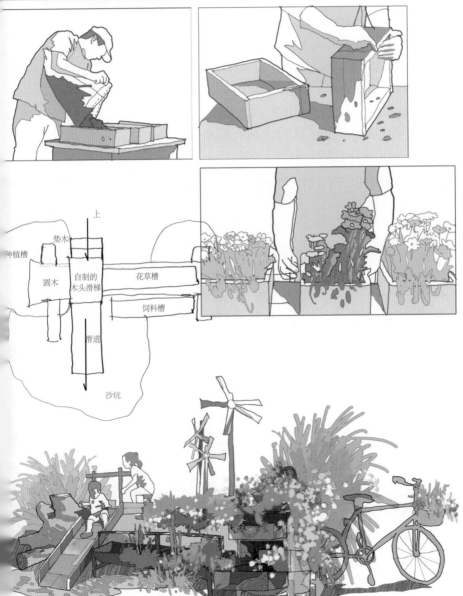

第四节　庭园摆件

　　摆件在庭园中能起到画龙点睛的效果，除了必要的使用功能外，摆件可以依附于庭园或是相对独立出现，摆件应经艺术加工精心打磨，才能适合庭园特定的环境。摆件可以放置在不同的庭园环境下，体现使用的趣味性。引起关注的摆件小品最好是利用旧物改造，通过剪裁修整达到小而不贱、相得益彰的效果。运用小品摆件把周围环境和外界景色连接起来，使庭园的意境更生动，更富有诗意。从塑造环境空间的角度出发，巧妙地用于摆件等小景，能达到改善庭园环境与提升鉴赏价值的双重目的（图5-21~图5-27）。

图5-21　农具形成的摆件（摄影：李英）

图5-22　扁铁制作的简易小品摆件（摄影：李英）

图5-23　陶罐的花草摆件（摄影：李英）

图5-24　栏杆上的自制的动物造型（摄影：李英）

图 5-25　木桩人物组合景（摄影：李英）
如将庭园蔬菜种植区域与临时性供水设备结合，效果会更加趣味化

图 5-26　钢筋制作的小品（摄影：李英）

图 5-27　较大型的游戏摆件（摄影：李英）

第五节　庭园中的坐具

坐具的形式及特征与室内家具略有不同，庭园家具的选择面更加广泛。庭园坐具要与园子的整体风格匹配，此外因为长时间在户外环境，考虑到风吹日晒的天气因素，户外座椅的材质可以是金属、木质、综合材料等。在具体布局中较为常见的方式有群座与单座式样，经济的手段是利用石料形成大小不一的矮墙或独立置石，放置在树荫中。坐具可以线性排列也可形成有弧度的围合环境，或是利用花架下的遮盖形成有避雨性质的空间等。考虑到个人喜好的因素，利用旧家具和废置木箱改建也是有趣的手段，在摆放时个人的庭园色彩会更加彰显。如果庭园面积不是过于局促，利用天然留置石形成坐具也是较好的手段，可以利用具有平面较大的石块或是长条石料。

一、群座

群座的形式如图 5-28~ 图 5-31 所示。

地面还有卵石以增加舒适度

溪流的水面

形成两三人坐在树下的交谈环境

大石块可以作为装饰物和花园中的长凳

图 5-28　石块砌成的群座形式

利用花坛边上
的石块形成坐具，
效果自然朴实。

图 5-29　布艺沙发形成
的庭园坐具

图 5-30 简易的砌石边界坐具

图 5-31 长条木制坐具

二、单座

单座形式如图 5-32~ 图 5-34 所示。

图 5-32　木桩圆木形成的独立坐具

图 5-33　留置石形成的独立坐具

图 5-34　独立的木制坐椅

三、趣味座椅

趣味座椅如图 5-35 所示。

四、留置石坐具

1）留置石各部位的称谓如图 5-36 所示。

2）留置石坐具的放置方法如图 5-37 所示。

3）留置石坐具的基本工艺如图 5-38、图 5-39 所示。

图 5-35　废木箱和轮胎形成坐具

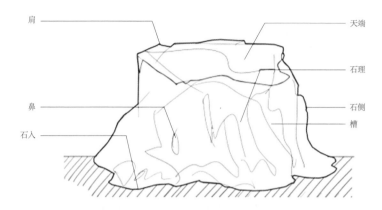

图 5-36　留置石各部位的称谓

天端—石头的顶段或较平的表面　　　　肩—天端的两侧顶点　　　　鼻—表面有凸起的部位
石入—置石的根基部分　　　　　　　　石理—表面纹路　　　　　　石侧—石头侧面
槽—表面的天然凹陷部分

错误 1：石入根基支撑点不平衡

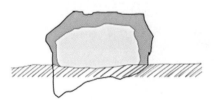

错误 2：石入根基入土过浅

错误 3：根基利用小垫石，着力不稳

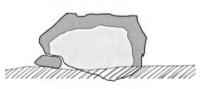

正确：根基深埋土层，状态稳固

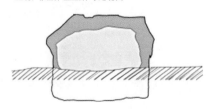

图 5-37　留置石的放置方法

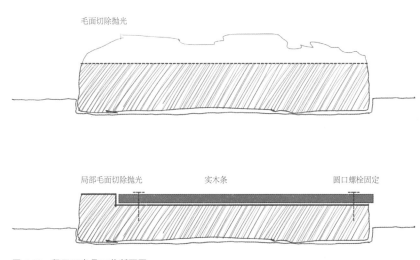

毛面切除抛光

局部毛面切除抛光   实木条   圆口螺栓固定

图 5-38 留置石坐具工艺断面图

图 5-39 留置石实物

第六章　对话——庭园的延续与变革

一、当代文化影响下的庭园兴造思路

（一）文化形象多元的庭园风格令人印象深刻

城市的集中导致居住结构的改变，这直接影响到中国式庭园，多元化的诉求加快了庭园的现代演化。原先的古朴庭园嫁接了当代的诉求，形成蔬菜园、科技造景庭园等定义，此前不可或缺的水景、叠石等传统庭园的构成被体量更小的造景单元代替，庭园的私人规模也急剧变小。现代的造景手法可以说颠覆了传统庭园的造园概念，也影响到社会公共空间的建造思路，另外在住宅小区这种半私半公的领域，传统的地理方位观念与欧式建造概念在庭园内同时出现，体现了具有时代特征的造园手法，运用借景和绿化植物烘托不同人群都喜闻乐见的庭园。

在庭园的发展愈加受到重视的背景下，人们希望在庭园中找到属于自我的环境。我认为多元的时代造成的影响更多的是造势，如果从传承的结果而谈大多是传统庭园痕迹的复制，而未从有内在的本质上的延续，因为我们在庭园内的生活不可能再回到过去。

记得那次带家人游览城市郊区的庭园式森林体验园，原先在头脑中想象的家具组合及公园内的宠物观赏区都在园内得见，不同区块的景致像"信息提示框"一样强烈冲击着我们的视野。孩子的游览步速明显快于成人，体验型智能游戏场地会更能留住孩子及家人。

我想这不需要导游图，那些体量颜色不同的构筑物就是明确的路标。能体会到设计立项的用心程度，可能在建园的初期就预估了游览的人群与市场，在短期内达到"盈余"的目的。

在高节奏的城市进程下，这样的现象不能简单论述为好与坏，可能以市场为基础的公共庭园经营都是合理的。需要指出的是园子内传统的中国建筑或是仿欧式的布局统统只是照搬，形成的拼贴效果让人应接不暇。

我们拆除一个庭园然后快速新建另一个，这甚至已经成为惯性思维。土地在翻建中增值，而具有多样性的个体庭园模式在消亡。我们常说多元文化影响下的空间变革，其实这不是真实的，实际的现象是既没有保住传统也没有占据潮流，用"混杂的空间现实"来回答问题，这明显是戏谑消遣的心态。只是每个人内心中的良知在感到痛惜，但都不能阻止这样局面的发生，对于这些困惑的认识，可以是无奈，但人们自己应该决定去做什么怎样做。我想通过双手去建设属于我们的庭园，它的基本内涵就是"庭园应与自然与兴趣在一起"。

（二）生活与成长的都市庭园

曾经设计一处公共庭园，对方给投标方的要求非常明确，在整体绿地经营中要体现成荫的面积及具体树种，我还记得委托方条件细致的要求性文本，可能是经费的原因。我认为在设计之初应该考虑绿化植被的生长年限，在变化中提前预计庭园的面貌。建成后回访，实际的情况是考虑最多的形制绿化，往往人们的参与度不高，而能提供互动的种植园，则体验人数众多。

庭园内打动人心的是家庭生活，扎根于内心的亲情中，我们都看重并参与其中，这是庭园与人的交流。依据原有庭园的面积，人们将生活的痕迹延伸到庭园的每一处，希望家人在这里可以感受到四季更替、自然光和树叶飘零。在中国的居住文化中，总是体现出"对外讲究秩序，对内表达关系"的伦理结构，这种关系的梳理即是在家庭和睦关系下"人与环境的自然交流"，家庭模式随庭园环境的生长而成长，并在潜移默化中影响着人。这成长的印记成为庭园设计依托的灵魂（图6-1、图6-2）。

图 6-1　庭园内真实的劳作场地（摄影：李英）

图 6-2　公共庭园环境

（三）兴造的核心

兴造出自《汉书·儿宽传》，我认为用兴造来代替"庭园设计"，巧妙而且直白。从建筑的角度来看，中国的建筑空间系统更多是利用平衡的原理来论证构造的耐久特征，并在长时间的发展中成为"组合的法式"。我们通过前人遗存的形制来理解现今的建筑环境，这也被认为是中国未能出现"现代意义的建筑"的原因。

上述文字我想表达的意思是利用"实践兴造"这一概念来启发我们当下庭园的建造，可以出自简单的兴趣或动机，而不是在纸面上探寻形式上的秩序。因为庭园的建造是通过一系列的落地实践来验证的，建造过程的含义大于建成前的空洞化设计过程。可以直白地理解为属于我们的庭园应是从心绪及兴趣入手。在社会空间的公共平台下，体现个性化庭园空间的差异及多元化性质。因为我们的空间设计存在于意型与表型之间，相对文化的意型，表型更加直白，而兴造的内涵是在建造的乐趣中感受内在的转化过程。

二、个人的庭园与城市重识之路

（一）庭园需要多大

这也是我在问自己的问题，我想每个人的心中都有清晰的尺度概念，在看待陌生事物的关系上，不同性别的视角衍生出的尺度也不尽相同。庭园的占地面积从几百平方米到十几平方米不等，这些不同规模的占地环境最后呈现的面貌可能只是一处小的庭园空间，孩子眼里的是树丛后面的石子，父亲看到的可能是庭园上空变化的风景，这一切的尺度与实际认知尺寸相关。直白体现庭园占地大小的变化的有趣例子是倪瓒的《容膝斋图》。图中的尺度从字面上理解为容纳的最小的尺度，而放开视野来看图，可能它的尺度是整体的庭园山水。这实际上体现了大小的变化：因为容纳个人的空间很小，如现今的住宅式庭园，建成的庭园会有几十平方米，但这种环境在拥挤的城市已经很是奢侈。

这小与大的变化也是东方人性格的倾向，在朴素造物观的文人思路中，某些看上去大而华丽的建筑意向是具有"批判性"的。现代都市的超级思路是关于宏大命题的展开及土地高效快速地置换。在进程的节奏上人甚至跟不上发展的步履，或许在此种变革下应该反思进程下的诸多问题，是人化的城市还是机械僵化的城市？

抛开文人化的性情审美，精致化的个人庭园会影响到城市的面貌。最小的庭园像是构成粒子渗透到城市环境之中，在街坊与广场中得以出现。同时庭园中小气候又像是城市的"加湿器"，改善城市气候。这种最简朴的思路，现今已经应用到城市建设的方方面面（图6-3）。

（二）城市重识之路

我喜欢在心境烦乱的时候去操场慢跑，从简单的习惯发展到每天都做，不论春夏，有时冬季寒风中我都能坚持下来。"有必要天天如此？"，爱人会时常问我，我笑笑说这是"现代鸦片戒不掉"，我可能习惯于此，并感受其中的过程。慢跑中我体会到身体与周边发出的声音，这与其他的声响不一样，这种方式能让我安静下来，引导我看待自己，看到本质的自然关系。

图6-3 城市公共休闲用地的庭园环境

今天"城市的重新认识"命题也想在这样的情况下来论证我们生活的城市的本质，需要何种的生存环境，我们需要静下心来看待。

先来看看钱学森先生在《论宏观建筑与微观建筑》中提出的山水城市，钱先生的话表面上是厌恶机械的方盒子布局，实际上我理解他是在寻找城市发展的内在联系，如果这是内核，那么城市形态则是表象，因为城市是人的聚合，更是关联因果下的系统，我想谈论的就是城市尺度、城市认同及多样性城市。

我们生活的城市表面上是靠立体的交通网带给我们秩序和快捷，但城市生活的核心是什么？回答一定是"人"。

我生活在北方滨海城市，原有的城市框架是在起伏的缓坡山地上展开。城市布局围绕着过往留下的广场展开，居住空间及公共空间都围绕于此，因为地形的特征，建筑的高度大都隐藏在绿树氛围中，你可以想象尺度适中的建筑在视野中的舒适程度，它不会带来尺度的恐惧感。城市的建设带有东西方文化交织的特征，房顶与树、城市与家庭、城市与大海，整体融于自然之中，我想保持的就是这样一个城市面貌。而现在的城市与当下大多数都市形象一致，宽大的路面红线，巨大的建筑，人工回填的海岸面貌，这还是我记忆中的故土？（图 6-4~图 6-7）。

图 6-4 典型的山地中的建筑面貌

图 6-5
山地散房型住宅

图 6-6　城市增容观念下居住区与山地的实际面貌

图 6-7　遗存的欧化折中性建筑与新建筑的对比

　　我不是想否定掉城市发展带给人的便利，只是在这样的局面下，我们应该重新评估我们城市的存在方式。

　　如果庭园内尺度是亲人的，城市的尺度关系也应是一致的。生长中的城市空间会从集中型向分散型发展。这不是说我们填满一个城市再去开发下一个城市，城市发展的前提一定是谨慎的，对于城市特定的生活模式必定要延续下去，但是底线或法规的红线不可触碰。再看那些超大体量的城市，集中的管控是必须实施的，未来是选择城市增容还是形成卫星式城市群落？这样的问题必须经过评估和高参与度的讨论。

　　谈到城市建造形态，多数人的答案是将传统精华延续下来。首先我想阐明一个误区，延续的现状更多的是在建筑立面进行简单的拼贴，它会成为城市的新古董，这对我们的城市生活没有任何意义。城市文化不是简单的传统形式的复制，评估当下人的生活方式，整合并解决其中存在的问题，结合城市布局传承有意义的生活方式，比如保持北方山地散房居住的关系等，这是我们当下最应该解决的问题。

　　城市文化是通过地域特征展开的，而不是简单的城市商业行为，这像一个整体的系统联系着城市生活的多个节点。城市的经营智慧是在自然面前形成一个多价值的覆盖体，保留特定的存在与劳作方式，形成清晰的、多样化的城市面貌，这才是真实的城市重塑之路（图6-8~图6-11）。

图6-8　奥地利的乡村庭园小景（一）

图6-9　奥地利的乡村庭园小景（二）

图 6-10　个人庭园角落（摄影：李英）

图 6-11　城市庭园的水景

附录　庭园花草软景的建造

第一节　庭园花草图谱

一、色彩艳丽的花卉

美丽无比的花卉点缀着庭园的颜色，能让你在最短时间内了解花卉的品种及简单分类是此章节的初衷意图，花草图谱从颜色及不同用途角度做了分类介绍，你可以在自己的庭院中针对性加以利用，并通过简单的工具组合出富于变化庭园软景（小型植物花境）通过花卉及小景的营造，建设属于自我的庭园景观。

美丽的花灌木

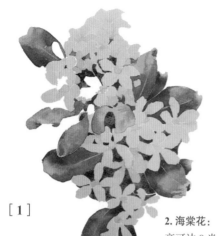

[1]

1. 海桐花:

小乔木或灌木,高 2~6 米;枝条轮生。叶聚生枝端,革质,狭倒卵形,长 5~12 厘米,宽 1~4 厘米,顶端圆形或微凹,边缘全缘,无毛或近叶柄处疏生短柔毛。

[2]

2. 海棠花:

高可达 8 米;小枝粗壮,圆柱形,幼时具短柔毛,逐渐脱落,老时红褐色或紫褐色,无毛。

3. 白玉兰:

高可达 17 米,中国著名的花木,北方早春重要的观花树木,上海市市花,有 2500 年左右的栽培历史,为庭园中名贵的观赏树,古时多在亭、台、楼、阁前栽植。

[3]

4. 米兰花:

别名:四季米兰、碎米兰,楝科、米仔兰属常绿灌木或小乔木;适应温暖多湿的气候条件,成年植株需充足阳光。

[4]

美丽的花灌木

[5]

5. 连翘：

连翘早春先叶开花，花开香气淡艳，满枝金黄，艳丽可爱，
是早春优良观花灌木，株高可达 3 米，枝干丛生，小枝黄色，
拱形下垂，中空。

[6]

6. 玉兰树：

玉兰又名玉堂春，按花朵颜色区
分有白色和紫色两种，原产于
印度、爪哇以及中国中部山区。
玉兰树是落叶乔木，高达 25 米，
径粗可达 200 厘米，成熟大树
则呈宽卵形或松散广卵形。

[7]

7. 紫丁香：

又称丁香、华北紫丁香、百结、情客、龙梢子。
紫丁香原产中国华北地区，在中国已有 1000 多年的栽
培历史，是中国的名贵花卉。

8. 碧桃：

桃属植物桃的变种，属于观赏
桃花类的半重瓣及重瓣品种，
统称为碧桃。华东地区碧桃花
期是 3 月~4 月，花朵丰腴，
色彩鲜艳丰富，花型多。

[8]

[9]

9. 桃花：

桃花，属蔷薇科植物。叶椭圆状披针形，核果近球形，
主要分果桃和花桃两大类。桃花原产于中国中部、北部，
现已在世界温带国家及地区广泛种植，其繁殖以嫁接
为主。

— 颜色艳丽的花 —

10. 杜鹃:

全世界的杜鹃花约有 900 种。中国是杜鹃花分
布最多的国家，约有 530 余种，杜鹃花种类繁
多，花色绚丽，花、叶兼美，地栽、盆栽皆宜，
是中国十大传统名花之一。传说杜鹃花是由一
种鸟吐血染成的。

[10]

[11]

11. 蓝花楹:

落叶乔木，高达 15 米；花蓝色，花萼筒状，是良
好的观叶、观花树种，喜阳光、温暖多湿气候，花
期 5-6 月。

[12]

12. 黄蔷薇:

属矮小灌木，是优良的新型园林观赏树种，有
较高的观赏和经济价值，还可入药。黄蔷薇代
表永恒的微笑。生山坡向阳处、林边灌丛中，
海拔 600-2300 米。喜光，耐寒，耐干旱。

颜色艳丽的花

[13]

13. 珍珠绣球：
属蔷薇科植物的一种，花白色，伞形花序，花期 4-5 月，根、果实可入药。

[14]

14. 绣球（绣球属植物通称）：
灌木，高 1-4 米；聚伞花序近球形，直径 8-20 厘米花密集，颜色丰富，花期 6-8 月。

15. 地被菊：
多年生宿根草木植物，其株型低矮、花朵繁密，抗逆性强，被广泛采用。

[15]

16. 蜀葵：
别称一丈红、大蜀季、戎葵。二年生直立草本，高达 2 米，茎枝密被刺毛。花呈总状花序顶生单瓣或重瓣，有紫、粉、红、白等色；花期 6-8 月，蒴果，种子扁圆，肾脏形。喜阳光充足，耐半阴，但忌涝。

[16]

颜色艳丽的花

[17]

17. 山茶花:

有玉茗花、耐冬等别名,又被分为华东山茶、川茶花和晚山茶。茶花的品种极多,是中国传统的观赏花卉,"十大名花"中排名第七,亦是世界名贵花木之一。

[18]

18. 紫薇:

紫薇树姿优美,树干光滑洁净,花色艳丽;开花时正当夏秋少花季节,花期长,故有"百日红"之称,又有"盛夏绿遮眼,此花红满堂"的赞语,是观花、观干、观根的盆景良材;根、皮、叶、花皆可入药。

[19]

19. 天目琼花:

别名:鸡树条、鸡树条荚蒾、佛头花,忍冬科、荚蒾属植物,树态清秀,叶形,花开似雪,果赤如丹,是五福花科荚蒾属欧洲荚蒾的变种。

20. 南天竹:

常绿小灌木,高1-3米;花小白色,浆果红色,花期3-5月,果期5-11月。

[20]

颜色艳丽的花

[21]

21. 猥实花：
为中西部特色花木，被誉为"美丽的灌木"，猥实花密色艳，花期正值初夏百花凋谢之时，故更感可贵。

22. 锦带花：
高3米，宽3米，枝条开展，树型较圆筒状，有些树枝会弯曲到地面，小枝细弱，幼时具2列柔毛。叶椭圆形或卵状椭圆形，端锐尖，基部圆形至楔形，缘有锯齿，表面脉上有毛，背面尤密。花冠漏斗状钟形，玫瑰红色，裂片5。蒴果柱形。

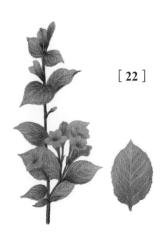

[22]

[23]

23. 牵牛花：
一年生缠绕草本。这一种植物的花酷似喇叭状，因此有些地方叫它喇叭花。种植牵牛花一般在春天播种，夏秋开花，其品种很多，花的颜色有蓝、绯红、桃红、紫等，亦有混色的，花瓣边缘的变化较多，是常见的观赏植物。果实卵球形，可以入药。

24. 荷花玉兰：
原产美洲，北美洲以及中国大陆的长江流域及其以南地区。北方，如北京、兰州等地有引种。供观赏，花含芳香油。由于开花很大，形似荷花，故又称"荷花玉兰"，可入药，也可做道路绿化。

[24]

颜色艳丽的花

[25]

25. 牡丹：

花色泽艳丽，玉笑珠香，风流潇洒，富丽堂皇，素有"花中之王"的美誉。在栽培类型中，主要根据花的颜色，可分成上百个品种。牡丹品种繁多，色泽亦多，以黄、绿、肉红、深红、银红为上品，尤其黄、绿为贵。牡丹花大而香，故又有"国色天香"之称。

26. 黄槐决明：

黄槐喜光，稍能耐阴，生长快，宜在疏松、排水良好的土壤中生长，肥沃土壤中开花旺盛，耐修剪。

[26]

27. 三角梅：

藤状灌木，叶互生，有柄，长约 1-2.5 厘米；花顶生枝端的 3 个苞片内，花梗与苞片的中脉合生；茎粗壮，枝下垂，无毛或疏生柔毛；刺腋生，长 5-15 毫米。叶片纸质，卵形或卵状披针形，长 5-13 厘米，宽 3-6 厘米，顶端急尖或渐尖，基部圆形或宽楔形，上面无毛，下面被微柔毛。

[27]

28. 凌霄：

攀援藤本植物，圆锥花序，花序轴长 15-20 厘米，花期 5-8 月。

[28]

二、庭园花卉空间秘籍

应季的地被花草大都是当年生草花，很多时候，对于花的理解是追求质朴自然，这并没有错，但在种植中，想要人工"模仿自然"短期内是很难实现的，所谓的自然并不是通过种植几株植物得来的，更多的是通过植物自然的生长、融合而来。庭园内花草自然效果的最终体现，得益于一个稳定的管理过程，一般来讲，当年生草本花卉色彩亮丽，15 到 20 厘米高，作用是把整个房前与草坪、道路连接起来，有人喜欢大片，有人喜欢条带状种植矮生花草，如果带状种植营造出具有变化的曲线，且在宽度上做一些变化，会比直线效果更好，庭园花卉空间的建造需注意以下 4 项：

1. 选择在庭园小路和山墙下，形成相互依托的效果更好。

2. 在花草后面种植一些小型常绿灌木或高杆的植物效果更好。

3. 考虑到室外气候特点，不适合的花草需要考虑放置在室内。

4. 考虑到色彩因素可以选择快速开花的植物。

图谱中分别介绍了适合种植的花卉组团形式，包含：最强光线花园、庭园小路花园、阳光花园、耐旱及耐阴花园等几种形式，你可在其中选择适合自己的庭园花卉种植。

最强光线花园

　　在庭园内洒满阳光的区域布置该花镜，合理巧妙地将多年生植物结合在一起，亮眼的黄色、浪漫的紫色、甜美的粉红色都十分夺目，多种颜色和纹理，能让光线的美妙传遍整个夏天。

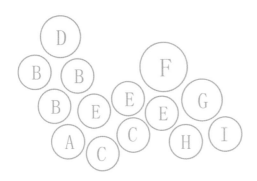

植物列表

A. 美国紫菀

B. 轮叶金鸡菊

C. 紫松果菊

D. 蜀葵

E. 蛇鞭菊

F. 大叶醉鱼草

G. 滨藜叶分药花

H. 景天

I. 薰衣草

庭院小路花园

　　路两侧的玫瑰花簇拥着庭园小路，连接了房子的入口，花卉的低矮衬托出曲线的庭园路径，在路的两侧铺满了多种月季，周围是低矮的黄杨及木作篱笆。月季耐寒向南光照成活效果更好，五彩的月季会使小路生机盎然。

植物列表

A. 黄杨

B. 仙境月季

C. 金奖章月季

D. 香欢喜月季

E. 伊丽莎白女王月季

F. 大花月季金枝玉叶

G. 里欧·桑巴月季

H. 火焰月季

I. 林肯先生月季

J. 太阳仙子月季

K. 丰花月季

L. 花花公子月季

M. 肯尼迪月季

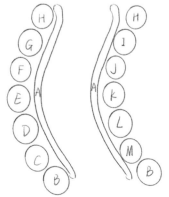

阳光花园

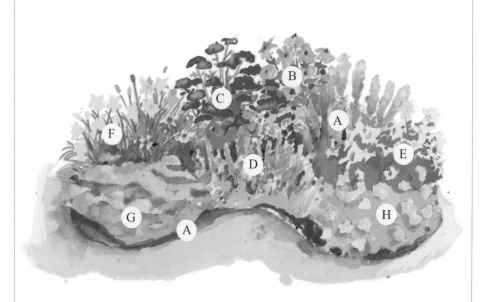

　　打造一个不需要大量保养的花园，关键在于选择可靠的植物，只需在干燥的天气给它们浇水并偶尔清除杂草，这些植物会蓬勃生长。这款阳光花园计划包含数个多年生开花植物，例如黄花菜、松果菊，它们的维护成本极低。这种设计将创建一个易于护理的美丽花园，从而实现双赢，只需将植物种植在阳光充足的地方，很快就能享受到丰富多彩的景观。

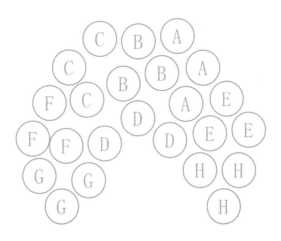

植物列表

A. 蛇鞭菊

B. 松果菊

C. 红女王西洋蓍草

D. 总花猫薄荷

E. 金鸡菊月光

F. 金娃娃萱草

G. 八宝景天

H. 风铃草

耐旱花园

　　这组耐旱的花草种植搭配可以展示出节水植物的特点，在高温、干燥、阳光充足的条件下呈现繁茂的景色。百里香等地被植物使道路线条更加柔和。

植物列表

A. 球叶万年草　　　　F. 麻兰

B. 苔景天　　　　　　G. 紫瓣景天

C. 红叶淫羊藿　　　　H. 补血草

D. 海石竹　　　　　　I. 景天

E. 铺地百里香　　　　J. 胭脂红景天

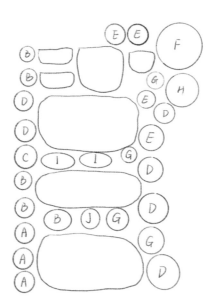

耐阴花园

　　树影子下的种植会有些难度，不需要打理也能有艳丽的花朵和茂密的花草效果，最简单的方法是利用荷包牡丹与白色的玉簪花形成最低矮的一层，随后由低到高是玫瑰、矾根、蕨类等，中间夹杂些紫花野芝麻和淫羊藿属植物。

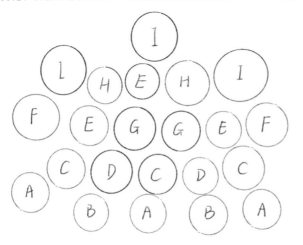

植物列表

A. 紫花野芝麻

B. 淫羊藿

C. 蕨类

D. 落新妇

E. 矾根"黄金班马"

F. 玉簪

G. 玫瑰

H. 牡丹

三、30 余种适合小庭园的植物花草

（一）最靓的花卉品种
（二）愉悦身心的花卉品种
（三）有香气的花卉品种
（四）生长快速的花卉品种
（五）耐冷的花卉品种
（六）秋天开花的品种
（七）适合做背景的花灌木品种
（八）适合独立成景的植物

30 余种适合小庭园的植物花草

（一）最靓的花卉品种

绣球

形态特征：绣球是灌木，高 1-4 米

生长习性：喜温暖、湿润和半阴环境

观赏价值：园林中可配置于稀疏的树荫下

养护特征：盆栽植株在春季萌芽后注意充分浇水

适于花篱、花境

绣线菊

形态特征：直立灌木，高 1-2 米

生长习性：喜光也稍耐荫

观赏价值：良好的园林观赏植物和蜜源植物

养护特征：平时保持土壤湿润即可

理想的植篱材料和观花灌木

黑心菊

形态特征：株高 80-100 厘米，全株被有粗糙的刺毛

生长习性：生长于海拔 1000-2600 米间山坡草地、山谷沟边或多石砾坡地

观赏价值：花朵繁盛，色彩亮丽，开花时间非常长

养护特征：喜光照，喜温及冷凉气候

庭院布置

银莲花

形态特征：植株高 15-40 厘米

生长习性：阳性，要求阳光充足

观赏价值：花朵繁盛，色彩亮丽，开花时间非常长

养护特征：温室种植起垄最好

花坛材料

30 余种适合小庭园的植物花草

（二）愉悦身心的花卉品种

福禄考

形态特征：一年生草本，茎直立，高
　　　　　15-45 厘米

生长习性：喜温暖，稍耐寒，忌酷暑

观赏价值：地栽盆植，均耐观赏

养护特征：喜疏松、排水良好的砂壤土

颜色艳丽

茑　萝

形态特征：一年生柔弱缠绕草本

生长习性：喜光，喜温暖湿润环境

观赏价值：茑萝的细长光滑的蔓生茎

养护特征：及时浇水可促使茎叶生长

能开出
美丽的花

大花葱

形态特征：多年生草本
生长习性：生长于海拔 1000-2600 米间
　　　　　山坡草地、山谷沟边或多石
　　　　　砾坡地

观赏价值：可丛植于花境、岩石旁或草
　　　　　坪中作为点缀

养护特征：性喜凉爽阳光充足的环境

插花选择

满天星

形态特征：多年生草本，高 30-80 厘米。
　　　　　根粗壮
生长习性：生于海拔 1100-1500 米河滩、
　　　　　草地、固定沙丘、石质山坡
　　　　　及农田

观赏价值：白色略带香味，颇具美感，
　　　　　是常用的插花材料

养护特征：最适温度白天为 25-30℃，
　　　　　夜间为 10-15℃

美化小路两侧

—— 30 余种适合小庭园的植物花草 ——

（三）有香气的花卉品种

百 合

形态特征： 多年生草本，先端常开放如莲座状花瓣

生长习性： 喜凉爽，较耐寒

观赏价值： 姿雅致，叶片青翠娟秀，茎干亭亭玉立

养护特征： 土壤肥沃、排水良好、土质疏松的砂壤土栽培

金银花

形态特征： 忍冬属多年生半常绿缠绕及匍匐茎的灌木

生长习性： 金银花适应性很强，喜阳、耐阴，耐寒性强

观赏价值： 更适合于在林下、林缘、建筑物北侧等处做地被栽培

养护特征： 土层较厚的沙质壤土为最佳

香味可驱虫

米 兰

形态特征： 灌木或小乔木；茎多小枝，幼枝顶部被星状锈色的鳞片

生长习性： 幼苗时较耐荫蔽，长大后偏阳性；喜温暖、湿润的气候，怕寒冷

观赏价值： 用作盆栽，既可观叶又可赏花；用于布置会场、门厅、庭院及家庭装饰

养护特征： 保持通风、湿润的环境

茉 莉

形态特征： 直立或攀援灌木，高达 3 米

生长习性： 性喜温暖湿润

观赏价值： 常见庭园及盆栽观赏芳香花卉

养护特征： 盛夏季每天要早、晚浇水

自带暗香

30 余种适合小庭园的植物花草

玉 簪

形态特征：状茎粗厚，粗 1.5-3cm

生长习性：阴性植物，喜阴湿环境

观赏价值：配植于林下草地、岩石园或建筑物背面。还可以盆栽布置于室内及廊下

养护特征：生长在疏松、通透性强的沙质土中

耐阴的花

（四）生长快速的花卉品种

牵牛花

形态特征：一年生缠绕草本

生长习性：喜光、耐半阴、耐暑热高温、不耐寒

观赏价值：按照个人的喜爱扎制成各形状的支架造型

养护特征：夏季浇水要充足，但盆内不能积水

能开出美丽的花

香雪球

形态特征：多年生草本，基部木质化，高 10-40 厘米，全株被"丁"字毛，毛带银灰色

生长习性：喜欢冷凉气候，忌酷热，耐霜寒

观赏价值：亦宜于岩石园墙缘栽种，也可盆栽和作地被等

养护特征：北方地区多为春播，一般是 3 月在温室播种育苗

大花马齿苋

形态特征：一年生草本，高 10-30 厘米。茎平卧或斜升，紫红色，多分枝，节上丛生毛

生长习性：喜欢温暖、阳光充足的环境，阴暗潮湿之处生长不良

观赏价值：楼房居室养性，利用其耐旱耐燥、盐生的特点。盆栽美化居室阳台、窗台

养护特征：种子繁殖，当苗高一厘米时，浇一次清淡人畜粪水提苗

—————— 30 余种适合小庭园的植物花草 ——————

酢浆草

形态特征： 酢浆草是草本植物，高10-35厘米，全株被柔毛。根茎稍肥厚

生长习性： 喜向阳、温暖、湿润的环境，夏季炎热地区宜遮半阴，抗旱能力较强，不耐寒

观赏价值： 园林绿化中应用较多

养护特征： 酢浆草喜排水良好的砂质土壤，粘土不利于生长，要适当换土

（五）耐冷的花卉品种

甘　蓝

形态特征： 形态和卷心菜很相似，区别就是羽衣甘蓝不会在中心卷成团

生长习性： 冷凉的气候，耐寒性比较强

观赏价值： 城市绿化的理想补充观叶花卉，可家庭盆植于屋顶花园阳台窗台观赏

养护特征： 及时浇水

适合冬季摆放

金鱼草

形态特征： 多年生直立草本

生长习性： 喜阳光，也能耐半阴

观赏价值： 高性品可用作背景种植，矮性品宜种在岩石边或窗台花池或边缘种植

养护特征： 应勤施追肥，一般生长期每10天施一次

可丛植摆放

黑心金光菊

形态特征： 一年生草本

生长习性： 喜欢温暖、阳光充足的环境

观赏价值： 利用其耐旱耐燥、盐生的特点

养护特征： 种子繁殖的，当苗高一厘米时，浇一次清淡人畜粪水提苗

可开美丽的花

30余种适合小庭园的植物花草

石 竹

形态特征：多年生草本

生长习性：生于海拔100-200（-1600）米的山坡灌丛

观赏价值：其性耐寒、耐干旱，不耐酷暑

养护特征：盆栽石竹要求施足基肥，每盆种2~3株

（圆形图案内文字：可开美丽的花）

绣球花

形态特征：绣球是灌木，高1-4米

生长习性：喜温暖、湿润和半阴环境

观赏价值：更适于植为花篱、花境

养护特征：绣球喜半阴及湿润环境，不甚耐寒

地被菊

形态特征：地被菊属菊科、菊属多年生宿根草本植物，其再生能力强

生长习性：喜温暖、阳光充足的环境，阴暗潮湿之处生长不良

观赏价值：楼房居室养性，利用其耐旱耐燥、盐生的特点。盆栽美化居室阳台、窗台

养护特征：种子繁殖的，当苗高一厘米时，浇一次清淡人畜粪水提苗

（六）秋天开花的品种

三色堇

形态特征：茎高10-40cm，全株光滑

生长习性：较耐寒，喜凉爽，喜阳光

观赏价值：在庭院布置上常地栽于花坛上，可作毛毡花坛、花丛花坛

养护特征：喜凉爽、忌高温、怕严寒

（圆形图案内文字：颜色艳丽）

30 余种适合小庭园的植物花草

黑心菊

形态特征：株高 80 至 100 厘米，全株被有粗糙的刺毛

生长习性：要求阳光充足。耐寒，也适应夏热，生长旺盛

观赏价值：花朵繁盛色彩亮丽，开花时间非常长

养护特征：播种时间一般在春秋两季

鼠尾草

形态特征：一年生草本

生长习性：生于山坡、路旁、荫蔽草丛、水边及林荫下，海拔 220-1100 米

观赏价值：可作盆栽，用于花坛、花境和园林景点的布置

养护特征：喜温暖、光照充足、通风良好的环境

可做高磡

紫菀花

形态特征：多年生草本，根状茎斜升

生长习性：生于低山阴坡湿地、山顶和低山草地及沼泽地，海拔 400-2000 米

观赏价值：可供观赏用

养护特征：紫菀花为种子繁殖

（七）适合做背景的花灌木品种

刺蘖

形态特征：落叶灌木，高达 3m

生长习性：林中，山谷，山坡，石缝

观赏价值：刺蘖在新西兰广泛种植用作篱笆

养护特征：常用播种繁殖

30 余种适合小庭园的植物花草

玫　瑰

形态特征： 直立灌木，高可达 2 米

生长习性： 玫瑰喜阳光充足，耐寒、耐旱

观赏价值： 香料植物

养护特征： 定植缓苗后及时中耕松土

六道木

形态特征： 落叶灌木，高 1-3 米

生长习性： 植物喜光，耐旱，在原产地生于多石质山地灌丛中和石砬子上，适应性强，抗寒性强

观赏价值： 优良的行道和绿篱树种

养护特征： 六道木喜光照，稍耐阴，养护时放在全日照的地方较好

马樱丹

形态特征： 全株被短毛，有强烈气味

生长习性： 喜光，喜温暖湿润气候

观赏价值： 五色梅嫩枝柔软，适合制作多种形式盆景

养护特征： 宜施入充足的基肥

（八）适合独立成景的植物

海棠树

形态特征： 八棱海棠树所产的海棠果呈扁平形，四周又有明显的八个左右的棱凸起，因此得名"八棱海棠"

生长习性： 八棱海棠树体长势快，寿命长。幼树当年就开花、挂果，产量逐年倍增

观赏价值： 八棱海棠树既是经济林，又是美化风景的上好首选观赏树，有极高的观赏价值

养护特征： 栽培过程中注意旱季浇水，伏天最好施一次腐熟有机肥

30 余种适合小庭园的植物花草

红枫树

形态特征： 红枫树会在早春的时候发芽，幼嫩的叶子鲜红，且密生白色软毛

生长习性： 亚热带树种喜温暖的气候

观赏价值： 寓意着回忆思念，人们通过常会用红枫叶来表达自己的思念之情

养护特征： 不耐积水，喜欢略微湿润的土壤

视觉交点
主景树

玉兰树

形态特征： 落叶乔木，高达 25 米，胸径 1 米

生长习性： 玉兰生长于海拔 500-1000 米的林中，喜阳光，稍耐阴。有一定耐寒性

观赏价值： 园林应用之首选为庭院种植

养护特征： 不耐移栽，栽种要考虑长远，与其他树种要相距 5 米以上

能开出美丽的
白花

紫薇树

形态特征： 落叶灌木或小乔木，高可达 7 米

生长习性： 紫薇其喜暖湿气候，喜光，略耐阴，喜肥，尤喜深厚肥沃的砂质壤土

观赏价值： 色鲜艳美丽，花期长寿命长，树龄有达 200 年的，热带地区已广用为庭园观赏树，有时亦作盆景

养护特征： 紫薇栽培管理粗放，但要及时剪除枯枝、病虫枝，并烧毁

山楂树

形态特征： 落叶小乔木

生长习性： 浅根性树种，主根不发达，但生长能力强，在瘠薄山地也能生长

观赏价值： 表面棕色至棕红色，并有细密皱纹

养护特征： 春季将根蘖苗挖出，按苗的大小分别栽于苗圃中

适合庭院内的
小果树

第二节 庭园软景制作

一、插花景制作

插花者的花境——插花具有很大的灵活性和很强的个性，随着空间的变化呈现出不同的装饰效果。插花艺术有各种各样的风格流派，有些仅仅是一种植物的几根枝条插在花瓶里，还有些则需要枝条和枝干的组合。插花时，需要事先考虑好构图，选择好花品，注意颜色搭配，而且要锐意创新，还应根据面积和需要的不同进行摆设。花园里的插花景可以成为最靓丽的风景，显现出独特的韵味。

作者：姚洋

作者：问涛、姚洋

（一）插花景的组合过程

1. 利用花泥块（吸水海绵）固定插花景的基本骨架，选择长条枝叶

2. 枝叶型骨架应考虑曲直变化，后续的插花在其中的位置应提前考虑，插序一般先插叶后插花，这样容易在插叶的时候将花的高度调整，正确的插序应该是选材，选插衬景叶，插摆花

3. 在组景前需要修剪去掉花叶的残枝败叶，根据插花的不同需求，进行长短修理，根据构图的需要进行弯曲处理

4. 插花长叶骨架的调整，增加几只短叶，注意前后呼应与协调

5. 插入未开放的花，与主花形成呼应

6. 主体插花：选一支最好看的花枝作主枝，突出中心，要避免花枝排列整齐，主体花要突出，三支不要交叉，更不能将所有花枝束缚一起一次插入

完成的插花作品

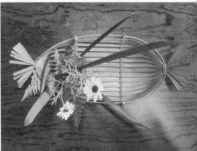

作者：姚洋

（二）利用旧物改造的插花景制作

1. 修整竹叶长短枝并修剪残叶，需要留意主次疏密

2. 利用小片菊花形成主景

3. 调整花叶的位置

4. 利用麻绳修饰旧的花篮，增加艺术性

5. 旧花篮小景

6. 与蓑衣旧物组合的插花景（作者：姚洋）

二、古朴组合景制作

菖蒲景及条案景

菖蒲的味道清新，有种乡野之气，素雅天然，最宜添置茶室书房。同样的还有苔藓，不起眼的姿态，历经时光的更替依旧不失本色，幽幽静静，清清萋萋，与奇石、古玩、花果一起点缀茶室。菖蒲与苔藓同样喜光怕晒，平时出门前可

以把菖蒲和苔藓放置在窗台，或其他有散射光的地方，但夏季要注意避光，适宜阴养。另外，菖蒲和苔藓都喜欢弱酸性土壤，在选择植料时，最好用仙土、赤玉土等颗粒土或者用山泥，它们都呈弱酸性，有利于菖蒲和苔藓的生长。

作者：问涛

（一）手把（迷你）菖蒲造景

附石，浓缩提炼于自然的山石，形体较小的则作为案头清供，菖蒲和石头，可以搭配组合，旁边可以放一块石头，一个坚硬，一个柔软，相得益彰，自然养眼，组成书房案头的绝配。案头菖蒲景制作需要选择表面肌理自然的石块组，在搭配过程中可利用"细铅丝"辅助苔藓与植物菖蒲的固定，在布局上需要注意前后的疏密关系。

作者：问涛

（二）菖蒲小景制作过程

1. 小瓷盘上放置赤玉土（火山泥）或者细砂，目的是做栽培的基础介质，用量根据瓷盘大小来定

2. 放置小石块为菖蒲附着使用，附石用到的石料非常广泛，鸡骨石、石英石、海石、石灰石、火山岩、吸水石，以及各地区的各种石料，都可以用来作为附石的素材

3. 放置培育好的菖蒲，注意前后的点缀关系

4. 用赤玉土（火山泥）或者细砂垫平，目的是使菖蒲稳定

5. 利用镊子等工具进行修剪，注意菖蒲的姿态看起来自然古朴

6. 浇透水，后续可在浮土基础上增加苔藓

7. 完成的效果（作者：问涛）

（三）手把（迷你）造景

作者：问涛

（四）庭园小路的植被造景

植物素材：暴雪花、春羽、风车茉莉、南天竺、花叶冷水花、罗汉竹、金镶玉竹子（作者：王冠钧、问涛、姚海鹏）

植物素材：雏菊（玛格丽特）与太阳花（作者：王冠钧、问涛、姚海鹏）

（五）庭园墙角的植被造景

植物素材：葱兰、狼尾厥（作者：问涛）

植物素材：兰花、蕨草、菖蒲（虎须、野蒲）（作者：问涛）

（六）水景制作

1. 设计图

2. 在未造景之前先安装植物照明灯及喷淋设备，为植物的后期养护打下基础条件

3. 造景之前把河道的水泵管及过滤系统管线串联好，预埋在石英石景里

4. 搭建基础骨架，基础要稳固，有序的堆积，使用造景专用发泡胶粘接

5. 渐渐排列河道及山体峡谷形状，注意层次

6. 定植苔藓摆放小品

完成的作品（作者：王钰超）

苔藓造景作品细节（作者：王钰超）

（七）作者介绍及评价

问涛：原名周世忠，自幼喜欢花鸟鱼虫，20 世纪 80 年代开始游历山川、名胜古迹，在江南接触到各种造景园林，深深地喜欢上各种盆景、赏石，在对菖蒲盆景的多年造景心得的基础上，总结了很多菖蒲盆景在北方地区的养护方法，擅长菖蒲、山野草、苔藓植物的附石制作，现为大连知名造景专家。

对菖蒲小景的评价：

菖蒲本是生长在江南地区山林溪流边的多年生常绿植物，喜欢阴凉潮湿，通风良好的环境，制作菖蒲作品的时候就要满足它的习性。通常菖蒲盆景用到的石料非常广泛，大连地区的鸡骨石、石英石、海石、石灰石、火山岩、吸水石以及各地区的各种石料，都可以用来作为附石的素材。菖蒲附石作品力求复原自然状态，不做人为的痕迹，多用石料的自然裂隙、孔洞辅以苔藓，不加任何植料，经过一段时间的培养，菖蒲苔藓附着在石头上，与石头融为一体。

作者：问涛

姚洋：高级茶艺师、评茶员。2017 年修习日本小原流花道，师承小原流花道最具权威工藤家族创办的"研美会"体系，现为小原流花道师，传承花道、茶道，是打造生活美学的践行者。

怎样欣赏插花：

插花在庭园内的摆放会起到画龙点睛的作用，无论在室外室内都属于陈设造型的艺术品，所以其形式美和内容美都十分重要。因此，在欣赏和品评时，也应以这两方面表现的优劣为标准。

（1）品评形式美的标准：

需要结合组合造型来谈是否优美生动，整体是否符合生长原理；色彩搭配主调及色彩是否富于变化；骨架构图的技巧（枝、叶、花的弯曲、绑、剪、扎等）是否熟练，干净利落，不露痕迹。

（2）品评陈设摆放的标准：

首先陈设摆放是否能突出空间特征，例如庭园餐桌上的插花是否达到赏心悦目的主题效果，是否具备形神兼备的特点；其次意境是否含蓄深邃，有无诗情画意，能否引人回味遐想。

插花与花道所要求的是静、雅、美、真、和的意境，在诗情画意中体现生活的美好，每一朵花以它的颜色、形状、香味给人带来愉悦与美好时，就与人的美、情感有了连接，领悟一朵花，犹如领悟生命的开始。

作者：姚洋